Getriebe

von

Obering. A. Maier
Friedrichshafen a. B.

Sonderabdruck aus dem
Automobiltechnischen Handbuch
14. Auflage

Technischer Verlag M. Krayn . Berlin W 35

Getriebe.

Obering. A. Maier, Friedrichshafen a. B.

Die Verbrennungskraftmaschinen (s. Abschnitt „Motoren") haben die Eigenart (im Gegensatz zur Dampfmaschine und zum Elektromotor), ihre größte Leistung nur bei einer bestimmten hohen Umdrehungszahl abzugeben. Soll die Verbrennungskraftmaschine zum Betrieb eines Kraftwagens verwendet werden, so ist zu berücksichtigen, daß nicht nur bei hoher Fahrgeschwindigkeit, sondern auch bei geringer Fahrgeschwindigkeit eine hohe Leistung, also auch eine große Umlaufzahl von ihr verlangt wird. Vor allem aber muß auch das Drehmoment der treibenden Achse zur Erhöhung der Zugkraft über das des Motors gesteigert werden können, was leider nur durch eine Verringerung ihrer Drehzahl möglich ist. Das Fahrzeug muß also im Gegensatz zum Schiffs- und Luftfahrtsmotor eine Einrichtung besitzen, welche es ermöglicht, bei gleichbleibender Umlaufzahl des Motors diejenige der treibenden Achse zu verändern, und zwar muß die Veränderung während des Ganges erfolgen können.

Das heute noch weitaus am besten, d. h. mit geringstem Verlust arbeitende Übertragungsmittel ist die Zahnradübertragung (siehe Bild 1). Allerdings lassen sich mit dieser stets nur bestimmte Übersetzungsverhältnisse vorsehen. Es können deshalb nur bestimmte Übersetzungsstufen erzielt und benützt werden. Dieses sog. Stufengetriebe ist also eine Einschränkung gegenüber dem idealen Fall der stetig veränderlichen, d. h. der sog. stufenlosen Übersetzungsgetriebe. Das Wort „stufenlos" bedeutet eigentlich nur eine Verneinung dieser Einschränkung. Wenn diese allgemeine und ideale Übertragungsart heute noch nicht in größerem Umfange zur Einführung gelangt ist, so liegt das an den zunächst noch unzulänglichen Mitteln.

I. Stufengetriebe (Zahnradgetriebe)

Die gebräuchlichen Stufengetriebe sind gekennzeichnet:

1. durch die Schaltungsart (Art der Kupplung).
   Hier verwendet man Getriebe mit Schaltung durch:
   a) Schubzahnräder,
   b) formschlüssige Kupplungen (Schaltmuffen mit Klauen verschiedener Art),
   c) Überholkupplungen (Abweisklauen oder Freiläufe),
   d) reibungsschlüssige Kupplungen (Lamellen- oder Kegelkupplungen),
   e) hydrodynamische Kupplungen,
   f) Verbindung der obengenannten Schaltungen.
2. durch die Art der Betätigung.
   Die obengenannten Schaltungsarten können
   a) willkürlich, meist durch Betätigung von Hand, oder mit Hilfskraft,
   b) selbsttätig, in Abhängigkeit von der Drehzahl oder dem Drehmoment, oder aber richtig von der Leistung erfolgen.
3. durch den Aufbau des Zahnradsatzes.
   Der Zahnradsatz wird in zwei Arten zur Ausführung gebracht:
   a) mit stillstehendem Steg (Vorgelegegetriebe),
   b) mit umlaufendem Steg (Umlaufgetriebe).
4. durch den Aufwand zur Erreichung der Laufruhe.

Die Laufruhe ist zum großen Teil abhängig von der Verzahnungsart. Diese wird ausgeführt
   a) in Geradverzahnung,
   b) in Schrägverzahnung oder Pfeilrädern, erstere auch als Schieberäder.

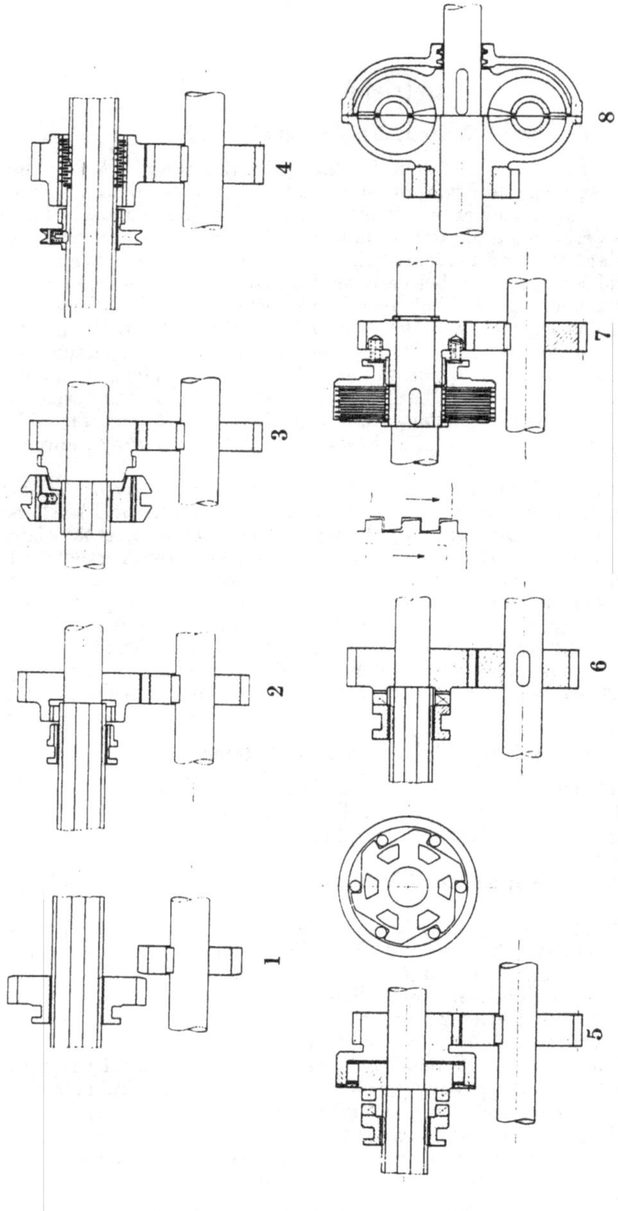

Bild 1. Schieberad.
Bild 2. Schiebemuffe.
Bild 3. Schiebemuffe mit Kegelsynchronisierung.
Bild 4. Schiebemuffe mit Lamellensynchronisierung.
Bild 5. Freilaufkupplung.
Bild 6. Kupplung durch Abweisklauen.
Bild 7. Kupplung durch Reiblamellen.
Bild 8. Hydrauliche Kupplung.

1. Die Schaltungsart (Art der Kupplung).

Die unter 1a) und 1b) genannte Übertragungsart ist die meistverbreitete und ist in ihrem Aufwand als die billigste anzusehen. Die Einfachheit ist schon dadurch gekennzeichnet, daß die Weitergabe der Kräfte unmittelbar vom Antriebszahn auf den getriebenen Zahn durch Formschluß erfolgt. Der

Wechsel der Übersetzung besteht im Trennen des einen und im Ineinanderbringen eines bereitstehenden Räderpaares mit anderer Übersetzung. Dies setzt voraus, daß für die Dauer des Überganges der Kraftfluß an der Hauptkupplung unterbrochen wird und daß die zwischen Motor und Abtriebszahnrad liegenden Teile, nämlich ein Teil der Räder des Getriebes beschleunigt oder verzögert werden müssen. Ist die Masse klein, so geht das Schalten verhältnismäßig einfach und ohne Hilfsmittel (Bild 1 u. 2). Bei neueren Bauarten sind heute allgemein Angleichvorrichtungen (Synchronisierungen) zur Erreichung des Gleichlaufes der Drehzahl der Schaltmassen vorgesehen, allerdings meist nach 1b) (Bild 3 u. 4).

1c) Die Schaltung durch Freiläufe für jeden Gang hat den prinzipiellen Vorteil, daß bei Wegnehmen des Gases das Einschalten ohne weiteres erfolgen kann. Es wurden deshalb Freiläufe hinter dem Getriebe angeordnet, die die Wirkung der Schalterleichterung für sämtliche Gänge gebracht haben. Es ist allerdings notwendig, den Freilauf zur Erreichung der Fahrsicherheit in bestimmten Fällen blockierbar zu machen. Reine Abweisklauen werden kaum verwendet. Dagegen hat die sogen. Maybach-Abweisklaue ziemlich Verwendung gefunden. Die Abweiswirkung ist bei dieser nur während des Schaltvorganges wirksam, während nach Angleichung der Drehzahl die Klauen starr schließen (Bild 5 u. 6).

Die unter 1d) genannten Bauarten sind für den Kraftfahrzeugbau deshalb sehr erwünscht, weil die Schaltung mit Reibkupplungen auch ohne besondere Geschicklichkeit und ohne Kuppeln stoßfrei erfolgen kann. Ihrer allgemeinen Einführung stand bisher der Kostenaufwand für die einzelnen Reibkupplungen in jedem Gang entgegen. Auch das Gewicht erfährt dadurch, daß zum Zahnradsatz für jeden Gang noch eine Kupplung hinzukommt, die das volle Drehmoment übertragen muß, eine Vergrößerung. Gewichts-Vergrößerung ist aber gleichbedeutend mit Erhöhung des Herstellungspreises. In diese Klasse fallen auch die meisten Planetengetriebe mit Reibkupplungsschaltung (Bild 7 u. 8).

Die unter 1e) genannte Übertragungsart ist im Kraftfahrzeuggetriebe deshalb wenig verwendet, weil die Dreiteilung in der Übertragungsart in Geber, Energieträger (Wasser, Öl usw.) und Aufnehmer zu große Gewichte und damit Kosten ergibt.

Riemenantriebe haben nur noch geschichtliches Interesse. Der Antrieb durch Elektromotoren wird seltener verwendet.

2. Die Art der Betätigung.

Diese weist, sobald von der Handschaltung (siehe Bild 9 u. 10) abgesehen wird, eine außerordentliche Vielzahl und Unterschiedlichkeit auf. Die Selbsttätigkeit wird als eine besonders wesentliche Eigenschaft angesehen und dabei allerdings meist nur die Abhängigkeit von der Drehzahl geltend gemacht. Bei höheren Fahrgeschwindigkeiten ist dies noch durchführbar. Die jedoch einzig richtige Abhängigkeit ist eine solche sowohl von der Drehzahl als auch vom Drehmoment, also von der Leistung. Die größere Verbreitung selbsttätiger Schaltungen bei Stufengetrieben konnte nicht erfolgen, weil ihre Vollwertigkeit nur bei stufenlosen Getrieben gegeben ist. Einige der sog. selbstschaltenden Stufengetriebe vereinfachen das Schalten auf eine willkürliche Einleitungsbewegung des Fahrers durch Hand- oder Fußbetätigung (Gangwählerschaltung). Es ist dabei eine Trennung in das willensmäßige Einleiten und in das Ausführen der Schaltung vorgenommen.

3. Aufbau des Zahnradsatzes.

3a) Getriebe mit stillstehendem Steg (Vorgelegegetriebe). Räderanordnung.

Für das Schubräder-Wechselgetriebe kennzeichnend sind zwei, meist in Längsrichtung des Fahrzeuges liegende parallele Wellen, von denen

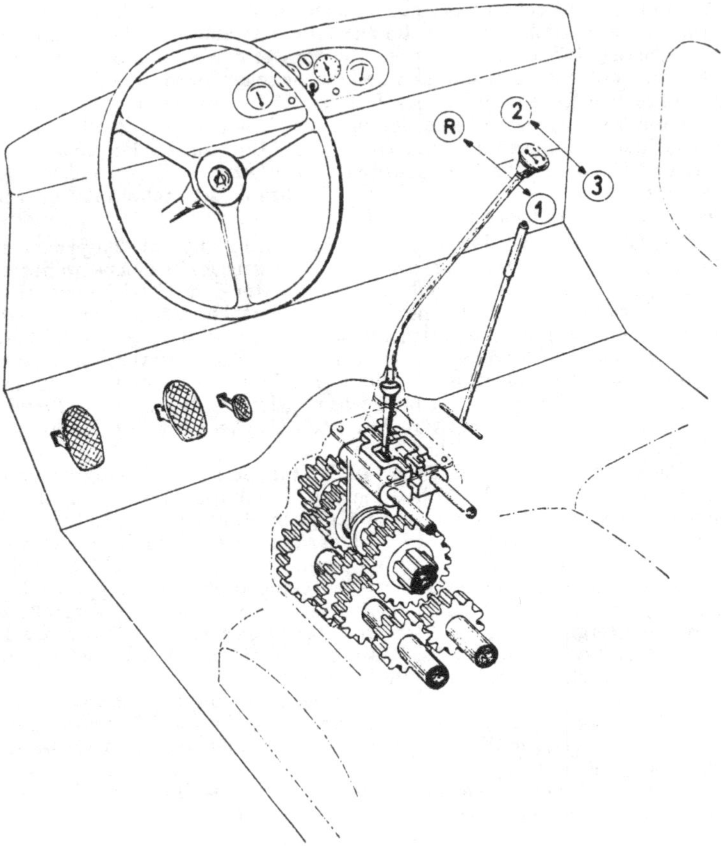

Bild 9. Kugel- oder Mittenschaltung

die eine fest aufgekeilte, die andere verschiebbare, oder im Eingriff stehende kuppelbare Zahnräder trägt. Vier der wichtigsten Ausführungsformen viergängiger Getriebe zeigt Bild 11—14.

Vierganggetriebe Dauereingriffsräder antriebsseitig. Bild 11. Einfache Schubräderschaltung. Diese Anordnung ist nur noch in billigen Fahrzeugen verwendet.

Bild 12 u. 13 zeigt den 3. Gang in Dauereingriff. Diese Anordnungen sind sehr stark verbreitet.

Bild 14 zeigt den 2. und 3. Gang in Dauereingriff (Aphon). Die Räder sind einzeln im Gehäuse gelagert und dadurch sehr laufruhig.

Viergang-Getriebe mit An- und Abtrieb auf verschiedenen Wellen und ohne direkten Gang (Bild 15). Diese Bauart hat dort Bedeutung, wo keine besonders großen Übersetzungen verlangt sind, weil jede Gangstufe in einem einzigen Radpaar erreicht werden muß. Diese steht im Gegensatz zu Bild 11 bis 14, bei dem die Übersetzung immer durch zwei Radpaare erfolgt, wovon das erste Radpaar in Dauereingriff die Bezeichnung Konstante erhalten hat. Bei Traktoren ist die Bauart nach Bild 15 vielfach verwendet, weil dort die Geräuschfrage keine so große Rolle spielt. Aus dem Zahnradbau ist bekannt, daß die Übertragung von einem kleinen Zahnrade auf ein großes nach der Geräuschwirkung ungünstiger ist, als bei annähernd gleich großen

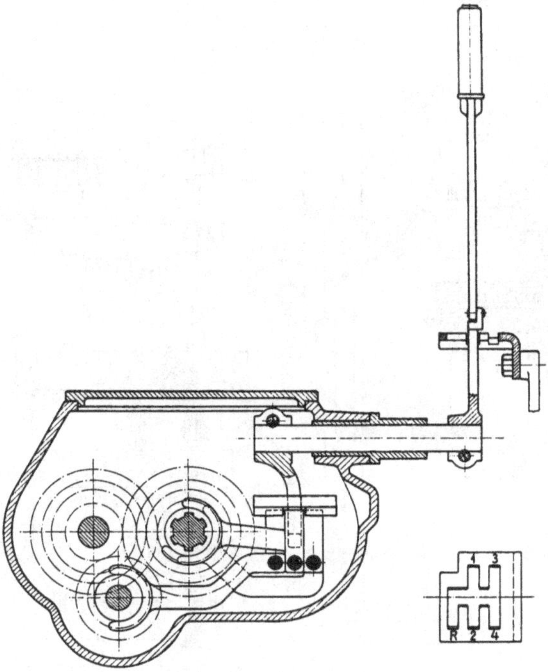

Bild 10. Kulissenschaltung

Rädern. Bei Frontantriebsgetrieben ist diese Anordnung günstig. Ein sogen. direkter Gang ist nicht vorhanden.

Viergang-Getriebe mit Dauereingriff abtriebsseitig. Die Anordnung nach Bild 16 ergibt die geringsten Massen für das Schalten, hat jedoch den Nachteil, daß durch die Anordnung der sogen. Konstanten auf der Abtriebswelle große Drehzahl für die Vorgelegewelle in allen Gängen vorhanden ist. Die Bauart ist wegen Geräuschbildung ungünstig.

Zweimuffenschaltung (Bild 17). Bauarten, bei denen mit zwei Muffen geschaltet wird, ergeben mit drei Radpaaren vier Gänge, also sehr kleine Abmessungen. Das Schalten ist allerdings nur möglich mit Angleichvorrichtungen oder Freiläufen, weil ein Teil des Rädersatzes nach dem Entkuppeln nicht mehr beschleunigt oder verzögert werden kann.

Mehrmuffenschaltung (Bild 18) bringt bei vier Radpaaren 8 Gänge.

3b) Umlaufgetriebe s. bei Bild 53 Cotal, Bild 19 Wilson, Bild 20 Monodrive. Die Getriebe mit umlaufendem Steg haben, was den reinen Getriebeteil angeht, außerordentlich kleine Abmessungen, was im Automobilbau immer wieder der Anlaß ist, daß auf sie zurückgegriffen wird. Was ihre Verwendung nicht unbedingt vorteilhaft erscheinen läßt, ist die verhältnismäßig teure Herstellung, die Starrheit in der Übersetzungsgebung und die schwerere Erzielung höherer Laufruhe.

Als Zahl für die Übersetzungsstufen gilt für die kontinentalen Verhältnisse bei kleinem Literinhalt der Maschine drei- und viergängig. In Amerika hat sich bei der dort üblichen Maschine mit großem Hubvolumen das Dreigang-Getriebe bis heute gehalten. Die Entwicklung der Autobahnen läßt für Personenwagen mehr und mehr einen 5. Gang mit Übersetzung ins Schnelle

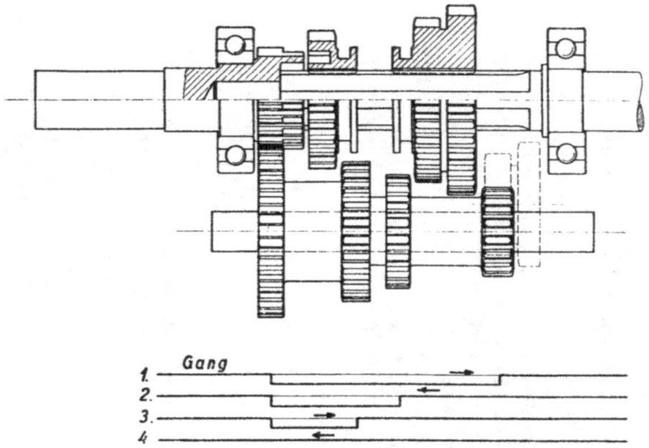

Bild 11. Schubräderschaltung 4-Gang

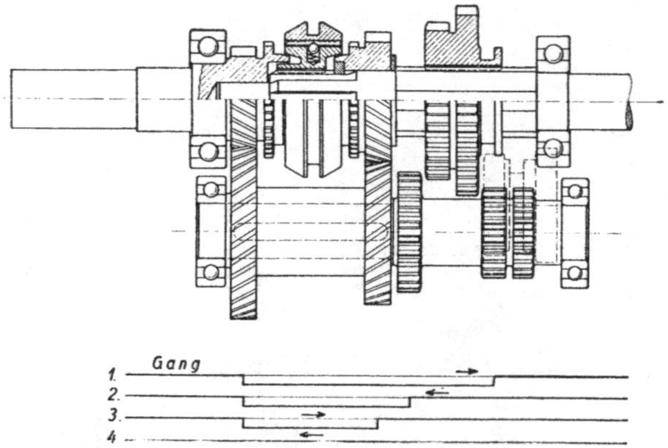

Bild 12. Schubräder und Klauenschaltung

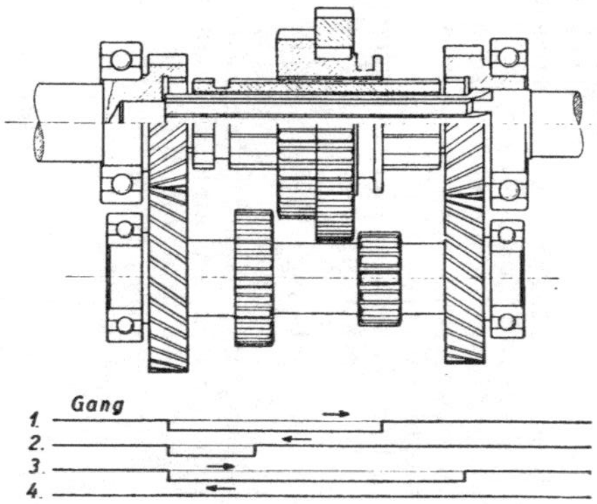

Bild 13. Schubräder und Klauenschaltung

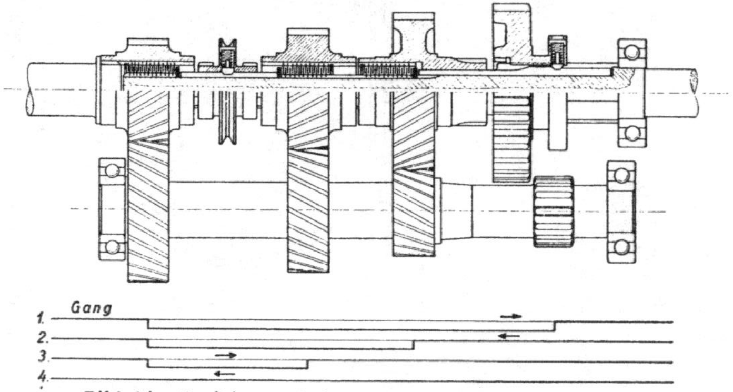

Bild 14. Dreiklauenschaltung (Aphon) 1. Gang Schubrad

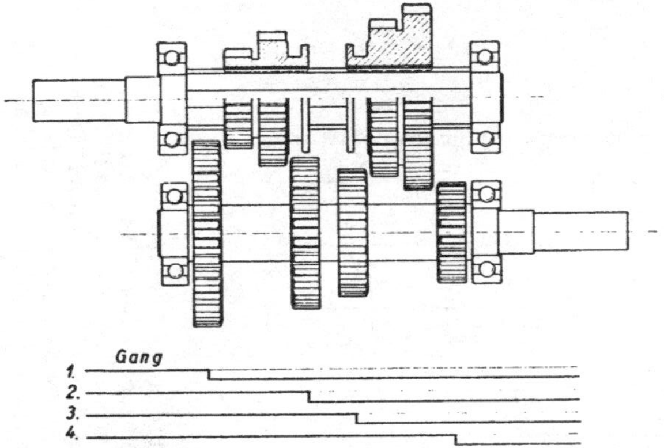

Bild 15. Schubrädergetriebe, An- und Abtrieb auf verschiedener Welle

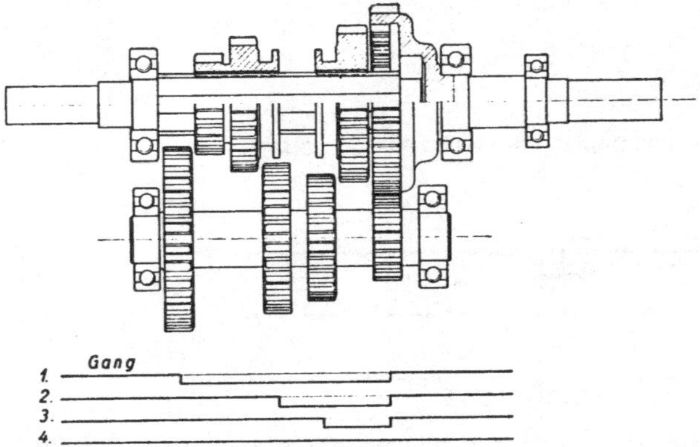

Bild 16. Schubrädergetriebe, Dauereingriff abtriebsseitig

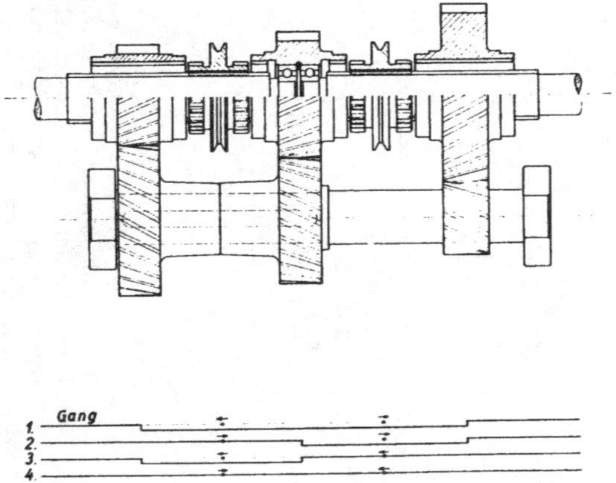

Bild 17. Doppelschaltmuffengetriebe Viergang

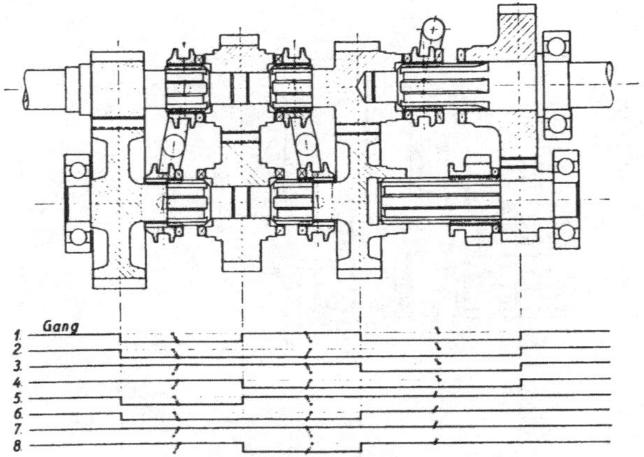

Bild 18. Mehrfachschaltmuffengetriebe 8 Gänge

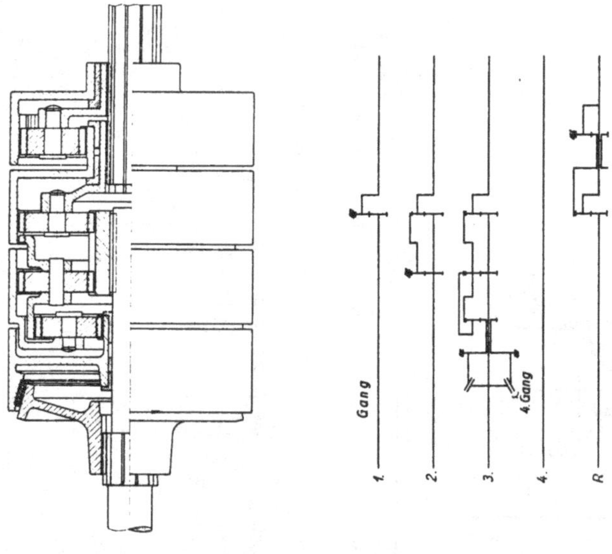

Bild 19. Planetengetriebe mit Bremsbandschaltung (Wilson)

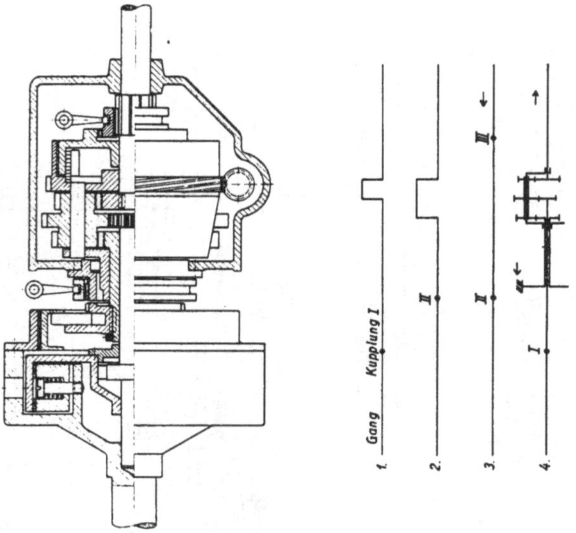

Bild 20. Planetengetriebe mit Fliehkraftschaltung

aufkommen, welcher speziell für Dauerfahrt auf diesen zur Verwendung kommt. Als Bezeichnung hat er Ferngang, Schongang, Schnellgang, Spargang und Overdrive erhalten. Die ins Schnelle wirkende Übersetzung erlaubt, die Motordrehzahl herunterzusetzen und dadurch die Maschine durch Drehzahlminderung zu entlasten. Bei Lastwagen, Zugmaschinen, Geländefahrzeugen haben sich fünf und noch mehr Gänge als nötig erwiesen. Lei Lastwagen wird der 5. Gang meistens als Schnellgang für Leerfahrten benützt. Der Übersetzungsbereich hat eine Ausweitung erfahren und erreicht bei Viergang-Getrieben 1 : 4,5—5,8, bei Fünfgang-Getrieben 1 : 9. Eine Er-

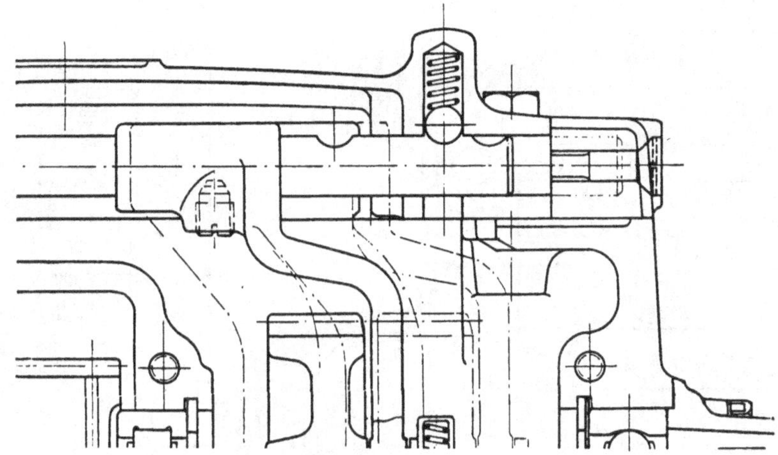

Bild 21. Riegel gegen Gehäuse

weiterung hat sich insbesondere durch die Verwendung der Dieselmotore als nötig erwiesen, andererseits aber sind durch die Verbesserung der Straßenverhältnisse die Geschwindigkeiten gewachsen, die Höchststeigungen sind aber teilweise geblieben.

4. Die Erreichung der Laufruhe.

hat mit dem Aufkommen der schrägverzahnten und geschliffenen Räder einen außerordentlichen Fortschritt gemacht. Die Verwendung geradverzahnter Räder ist bei den Gebrauchsgängen in Personenfahrzeugen kaum

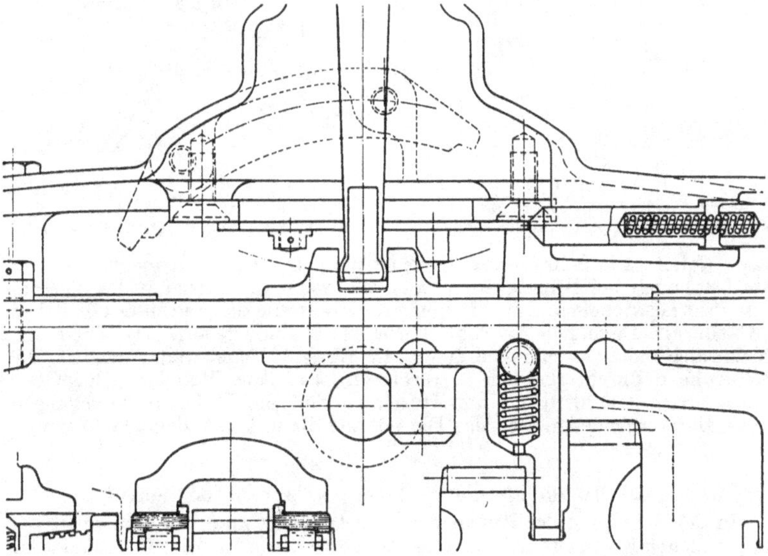

Bild 22. Riegel gegen Stange

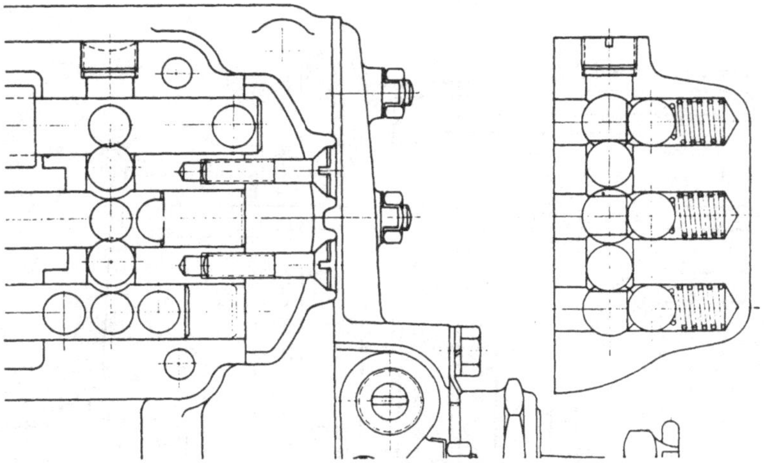

Bild 23. Sperrung durch Kugeln

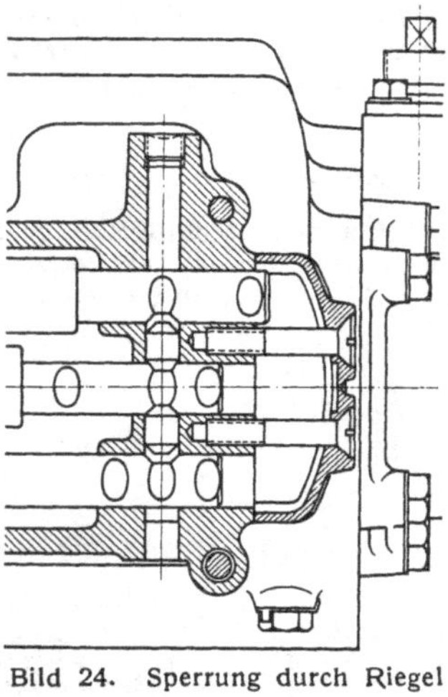

Bild 24. Sperrung durch Riegel

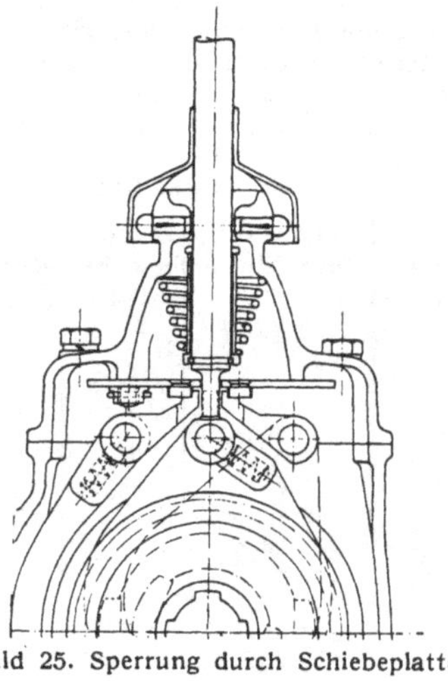

Bild 25. Sperrung durch Schiebeplatte

noch üblich. Die Schrägverzahnung ist nicht nur bei Dauereingriffsrädern, sondern auch bei Schieberädern möglich, wenn die Steigung des Verzahnungsschrägwinkels und die Steigung der Keilwelle die gleiche Größe haben (ZF-Spiral). Dabei heben sich die achsialen Schubkräfte auf. Das Schieberad bleibt also trotz des schrägen Zahnes im Eingriff. Es ist weiter möglich, die Laufruhe dadurch erheblich zu verbessern, daß jedes Rad für sich im Gehäuse abgelagert wird (Aphon-Type), so daß die Wellendurchbiegungen vollständig vermieden werden. Die letztere Bauart hat ziemliche Verbreitung gefunden.

5. Richtlinien für die konstruktive Ausführung der Schaltung.

In der Schaltung der Personenwagengetriebe ist man von der früher gebräuchlichen Kulissenschaltung allgemein abgekommen (Bild 10). Die in der Mitte auf dem Getriebe sitzende sog. Kugel- oder Knüppelschaltung hat sich fast allgemein durchgesetzt, sowohl bei Personen- als bei Lastwagen (siehe

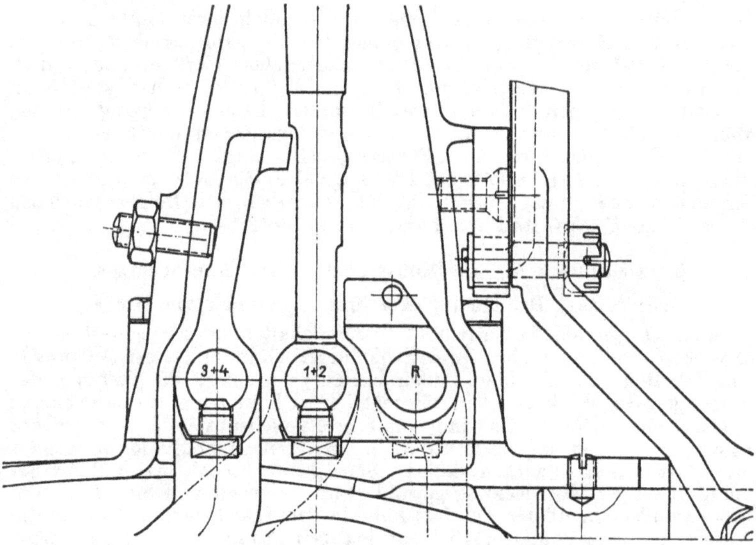

Bild 26. Rücklaufanschlag fest, Anheben des Schalthebels

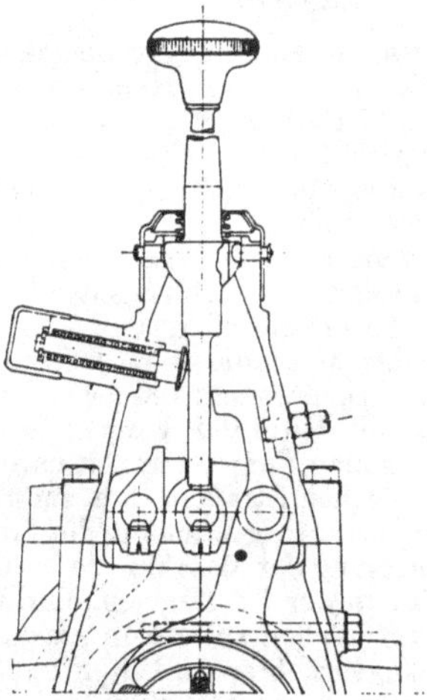

Bild 27. Rücklaufanschlag gegen federnden Anschlag

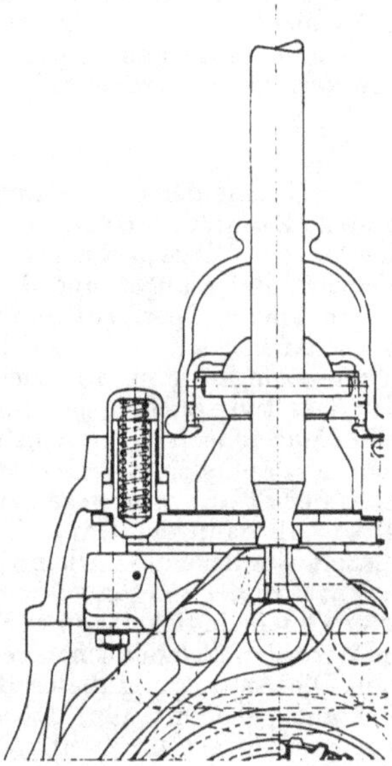

Bild 28. Rücklaufanschlag gegen Federriegel

Bild 9). Das Schaltbild für den Schaltknopf hat sich vereinheitlicht und zwar gilt dies international und für uns nach Dinorm Kr 3011. Der Schalthebel greift mit seinem unteren Ende in die sog. Schaltgabeln. Diese sind meist auf einer Schaltstange gelagert und gegenüber dem Gehäuse (Bild 21 u. 22) durch die Arretierung mit Feder und Kugel oder Riegel in ihren Lagen gehalten. Zwischen den Schaltstangen, von denen bei Vierganggetrieben drei, bei Dreiganggetrieben zwei und bei Fünfganggetrieben vier vorhanden sind, sind untereinander Verriegelungen (Bild 23, 24, 25) vorgesehen, so daß bei Betätigung der einen Schaltstange die andere keine Bewegung machen kann. Der Rückwärtsgang wird bei Vierganggetrieben durch einen Anschlag (Bild 26) oder durch einen Federriegel (Bild 22, 27, 28) gegen unbeabsichtigtes Einschalten geschützt. Die Lage des Rückwärtsganges ist bei Vierganggetrieben in der Norm nicht vorgeschrieben, bei Dreiganggetrieben wird auf die Rückwärtsgangsicherung verzichtet.

6. Richtlinien für die Konstruktion des Zahnradsatzes.

Zahnräder (Berechnung Abschnitt Zahnräder von Hofer).

Zunächst gilt als wesentlich, daß die Schaltzahnräder, soweit solche vorgesehen sind, möglichst großen Modul erhalten, um Beschädigungen beim Schalten zu vermeiden. Außerdem ist es wichtig, die Abstände der Lagerungen der Welle so klein wie möglich zu halten, um die notwendige Laufruhe zu erreichen. Es sind somit große Achsabstände anzustreben, was eine kurze, gedrungene Bauweise ergibt. Wenn Schrägräder verwendet werden, ist darauf zu achten, daß der Schrägwinkel möglichst groß zur Erzielung günstiger Überdeckung gewählt wird. Grenzen sind hier durch die Aufnahmemöglichkeit der Achsialschübe in den Wälzlagern und durch die schwierigere Verzahnungsmöglichkeit gegeben. Zahnüberdeckungen nicht unter 1,2 sollten erreicht werden. Bei Rädern im Dauereingriff ist der Modul mit Rücksicht auf die genügende Biegefestigkeit und Anfreßsicherheit zu wählen. Eine Überdimensionierung im Modul der Zähne, wie bei Schalträdern, ist nicht notwendig. Zweckmäßigerweise rechnet man zunächst das kleinste Antriebsrad und das kleinste Abtriebsrad, wobei Zähnezahlen unter 14 vermieden werden sollten.

7. Berechnung der Übersetzungen.

Die Berechnung der Übersetzungen [1]) eines für einen gegebenen Wagen bestimmten Zahnräderwechselgetriebes setzt neben der Kenntnis aller Einzelheiten des Wagens auch diejenige des Verhaltens der Maschine bei verschiedenen Belastungen und der Straßenverhältnisse voraus, für welche der Wagen vorzugsweise bestimmt ist. Da die Maschine am günstigsten und wirtschaftlichsten bei einer bestimmten Drehzahl arbeitet, sind die Räderübersetzungen ganz allgemein so zu wählen, daß diese Umlaufzahl bei jeder Schaltung auch eingehalten werden kann. Die Kenntnis der Kennlinien der Maschine ist hierzu in erster Reihe erforderlich.

Natürlich läßt sich die Höchstleistung der Maschine z. B. wegen des Zustandes der Straße oder wegen zu starken Verkehrs nicht immer voll ausnutzen, so daß dann der Gang des Wagens mit Hilfe der Vergaserdrossel verlangsamt werden muß. Allein diese Fälle sollen immer nur Ausnahmen bilden. Hat also der Wagen vorzugsweise in solchen Straßen, d. h. mit verminderter Geschwindigkeit, zu verkehren, so ist dieser Umstand im Interesse der Wirtschaftlichkeit schon bei der Bemessung der Maschine zu berücksichtigen. Die Anwendung dieser Regeln wird in der Praxis vielfach durch den Umstand gehemmt sein, daß die meisten Wagen sowohl in stark befahrenen Straßen als auch auf freier Strecke verkehren sollen. Für diese wird sich eine solche Beschränkung der Leistung nicht ausführen lassen, wenn der Besitzer die Aussicht, auf freier Straße viel schneller fahren zu können als mitten im Verkehr, nicht opfern will. Dagegen dürfte sich bei den gewerblichen und den im öffentlichen Verkehr benutzten Kraftwagen manches in dieser Richtung tun lassen. Dabei braucht die Beschränkung der Leistung nicht so weit zu gehen, daß die Möglichkeit, schnell anzufahren, vermindert

[1]) Nach Heller, Motorwagen.

wird, denn ein schnelles Anfahren ist unbedingt anzustreben, um im Straßenverkehr elastisch genug zu sein.

Von der früher üblichen Auswechslung der Hinterachsenübersetzung zur Erzielung bestimmter Fahreigenschaften wird heute wenig Gebrauch gemacht. Bei Annahme der Höchstgeschwindigkeit V in km/std, gegebenen Abmessungen des Wagens, gegebenen Str aßenverhältnissen und gegebener Maschinenleistung N in PS ist auch die kleinste Übersetzung m zwischen Maschinenwelle und Wagenrädern gegeben, der Gesamtwiderstand

$$W = w_r + w_s + w_l$$

des Wagens, in Verbindung mit der Fahrgeschwindigkeit bestimmt die an den Treibrädern erforderliche Nutzleistung

$$N_e = \frac{W \cdot V \cdot 1000}{75 \cdot 3600} \text{ PS}$$

der Maschine und den Wirkungsgrad η_g der ganzen Übertragung der Leistung an der Maschinenwelle. Aus der aus den Kennlinien bekannten günstigen Umlaufzahl n der Maschine, dem Durchmesser D der Treibräder in Metern und der Geschwindigkeit V in km/std findet man die erforderliche kleinste Gesamtübersetzung $\frac{1}{m}$ aus

$$m = \frac{60 \cdot \pi \cdot D \cdot n}{1000\, V}$$

Hiervon entfällt ein Teil m_1 auf die unveränderliche Übersetzung des Hinterradantriebes, während der andere m_2 die veränderliche Übersetzung des Wechselgetriebes darstellt

$$m = m_1 \cdot m_2.$$

Die größte Übersetzung zwischen Maschinenwelle und Hinterrädern wird, wenn die Maschinenleistung durch das Vorstehende festgelegt worden ist, durch die größte Steigung bestimmt, auf der der Wagen noch imstande sein soll anzufahren. Beträgt hierbei der Gesamtwiderstand des Wagens

$$W' = w_r + w_s'$$

(vom Luftwiderstand sei abgesehen), so muß außer dieser Kraft eine beschleunigende Kraft an den Treibrädern verfügbar bleiben:

$$f = \frac{Q}{g} \cdot \gamma,$$

wobei γ je nach den vorgeschriebenen Anfahreigenschaften des Wagens zu bestimmen sein wird (= 2 bis 3 m/sek²). Demnach gilt, wenn der Wirkungsgrad der Übertragung

$$\frac{N}{N_e} = \eta_g$$

als unveränderlich angesehen werden darf,

$$N_e = \frac{(W' + f) \cdot V_1 \cdot 1000}{75 \cdot 3600} \text{ PS},$$

worin V_1 in km/std die Mindestgeschwindigkeit des Wagens der günstigsten Umlaufzahl der Maschine n infolge der größten Übersetzung $\frac{1}{m'}$, des Getriebes genau entsprechen muß,

$$m' = \frac{60 \cdot \pi \cdot D \cdot n}{1000\, V_1}.$$

Für die Aufteilung der Übersetzungen zwischen den beiden im vorstehenden berechneten Grenzstufen hat man das Verhalten der Maschine bei veränderlicher Belastung zu berücksichtigen. Es seien in Bild 29 die Kennlinien I und II, die die Abhängigkeit der Leistung und des Drehmomentes von der

Umlaufzahl darstellen, gegeben. Ist bei einem gegebenen Wagen die kleinste Übersetzung m richtig bestimmt worden, so halten sich bei der Höchstgeschwindigkeit V in km/std die Höchstleistung $A_a = N$ in PS der Maschine und die Leistung der Widerstände genau das Gleichgewicht. Ebenso halten sich das Moment M_w der Wagenwiderstände und das entsprechend übersetzte Drehmoment der Maschine $m \cdot M_t$ das Gleichgewicht.

$$M_w = m \cdot M_t.$$

Sieht man — nur vorläufig — von dem Luftwiderstand ab, so kann man in einer Widerstandsziffer w die gesamten Widerstände des Wagens für je 1000 kg Wagengewicht zusammenfassen; ist G das Wagengewicht in kg, so gilt für diesen Fahrtzustand

$$N = \frac{G \cdot w \cdot V}{3600 \cdot 75}.$$

Innerhalb gewisser Grenzen paßt sich nun die Wagenmaschine wechselnden Fahrwiderständen selbsttätig an, ohne daß man an der Getriebeübersetzung etwas zu ändern braucht. Nimmt, etwa auf einer schwach geneigten Gefällstrecke, der Widerstand etwas ab, so steigt die Wagengeschwindigkeit V, aber nicht in dem gleichen Maße, wie w abgenommen hat, weil sich, vgl. Bild 29, mit zunehmender Umlaufzahl der Maschine auch die Leistung vermindert. Wächst andererseits, z. B. infolge einer zusätzlichen Steigung, der Widerstand, so nimmt V ab, und zwar in um so höherem Maße, als sich mit abnehmender Umlaufzahl auch die Leistung der Maschine verringert.

Die Grenze der Anpassungsfähigkeit der Maschine ist offenbar erreicht, wenn mit steigendem Widerstande die Umlaufzahl der Maschine bis auf den Wert $Ob = n_1$ und ihre Leistung auf $Bb = N_1$ gesunken ist, d. h. diejenigen Zahlen, welche dem größten Drehmoment Cb der Maschine entsprechen. Eine zusätzliche Steigung x_1, die den Widerstand bis zu diesem Grenzwert erhöht, könnte im äußersten Falle noch mit unveränderter Übersetzung befahren werden, und zwar mit einer Geschwindigkeit U_1 in km/std, die sich aus

$$N = \frac{G \cdot (w + x_1)\, U_1}{3600 \cdot 75}$$

berechnen läßt, da für $G = 1000$ kg

$$w_s = x_1$$

ist.

Sobald jedoch der Widerstand diese Höchstgrenze übersteigt, muß die Maschine steckenbleiben, weil bei weitere Abnahme der Umlaufzahl auch ihr Drehmoment zu fallen beginnt. Bevor dieser Fall eintritt, ändert man daher die Übersetzung des Getriebes, und zwar derart, daß die neue Übersetzung m' wieder Gleichgewicht zwischen dem Momente M' der Wagenwiderstände und der übersetzten Momente M_t bei der Höchstleistung der Maschine N ergibt:

$$M'_w = m' \cdot M_t.$$

Die nunmehr allmählich auf N steigende Leistung der Maschine beschleunigt den Wagen. Seine neue Höchstgeschwindigkeit V_1 ergibt sich aus

$$N = \frac{G \cdot (w + x_1) \cdot V_1}{3600 \cdot 75}.$$

Zwischen den Wagengeschwindigkeiten U_1 und V bei der früheren Übersetzung besteht ein festes Verhältnis

$$\frac{U_1}{V} = \frac{n_1}{n} = k,$$

das durch dic Umlaufzahlen n und n_1 bei der Höchstleistung und bei dem größten Drehmoment der Maschine bestimmt wird. Da ferner

$$\frac{N_1}{N} = \frac{U_1}{V_1}$$

ist, so ist auch

$$\frac{1}{k} \cdot \frac{N_1}{N} = \frac{V}{V_1}.$$

Hieraus läßt sich die Übersetzung $\frac{V}{V_1}$ berechnen, wenn lediglich die Leistungen der Maschine N und N_1 sowie die zugehörigen Umlaufzahlen gegeben sind.

Steigt nun x_1 weiter, so nimmt die Fahrgeschwindigkeit V_1 und mit ihr auch die Umlaufzahl n der Maschine wieder ab. Eine neue Veränderung der Übersetzung wird erforderlich, wenn bei einer Steigung x_2 die Umlaufzahl der Maschine wieder auf n_1 und ihre Leistung auf N_1 gefallen sind. Die Fahrgeschwindigkeit U_2 des Wagens ergibt sich dann aus

$$N_1 = \frac{G \cdot (w + x_2) \cdot U_2}{3600 \cdot 75}.$$

Mit der neueren Übersetzung, die wieder gestattet, die Höchstleistung der Maschine zu entfalten, gilt wieder

$$N = \frac{G \cdot (w + x_2) \cdot V_2}{3600 \cdot 75}.$$

Da wieder

$$\frac{U_2}{V_1} = k,$$

so ist auch

$$\frac{1}{k} \cdot \frac{N_1}{N} = \frac{V_1}{V_2}.$$

Diese Rechnung läßt sich in ähnlicher Weise auch für einen dritten Wert x_3 der Steigung fortführen.

Es ergibt sich also

$$\frac{V}{V_1} = \frac{V_1}{V_2} = \cdots\cdots = \frac{1}{k} \cdot \frac{N_1}{N} = s.$$

Das heißt: Die mit einem Wechselgetriebe nacheinander einzustellenden Geschwindigkeiten nehmen in geometrischer Reihe ab. Der Quotient s dieser Reihe

$$s = \frac{1}{k} \cdot \frac{N_1}{N} = \frac{n}{n_1} \cdot \frac{N_1}{N}$$

ist eine ganz von den Betriebseigenschaften der Wagenmaschine, d. h. von ihrer Höchstleistung und von der Leistung bei dem größten Drehmoment sowie von den entsprechenden Umlaufzahlen abhängige Zahl, die als Kennzeichen für das Anpaßvermögen der Maschine an die wechselnden Fahrwiderstände angesehen werden kann. Je größer dieses Anpaßvermögen, desto kleiner ist die Zahl, desto größer können die Abstufungen des Getriebes gewählt werden und desto weniger Stufen sind innerhalb gegebener Grenzen der Übersetzung erforderlich.

Eine zeichnerische Darstellung für den Wert von s läßt sich leicht ableiten. Für einen beliebigen Mittelpunkt M der Leistungskurve stellt zunächst in dem Dreieck OMm der Winkel α ein Maß für das Drehmoment dar, das diesem Punkte der Leistungskurve entspricht, da

$$\operatorname{tg} \alpha = \frac{Mm}{Om}$$

als Quotient aus Leistung und entsprechender Umlaufzahl dem Drehmoment proportional sein muß. Das größte Drehmoment muß daher in demjenigen Punkte B der Leistungskurve I auftreten, in dem diese von einer aus O gezogenen Tangente berührt wird, denn für diesen Punkt erreicht der Tangens einen Höchstwert.

Nach Bild 29 ist ferner

$$s = \frac{n}{n_1} \cdot \frac{N_1}{N} = \frac{\overline{Oa}\,\overline{Bb}}{\overline{Ob}\,\overline{Aa}} = \frac{\overline{Da}}{\overline{Aa}}$$

da

$$\frac{\overline{Oa}}{\overline{Ob}} = \frac{\overline{Da}}{\overline{Bb}}.$$

Damit ist eine einfache Darstellung des Wertes s gegeben.

Bei den üblichen Wagenmaschinen ist s verhältnismäßig klein, etwa zwischen 1,2 und 1,5, so daß es einer zu großen Anzahl von Stufen bedürfte, um einen gegebenen Geschwindigkeitsbereich bei Wahrung der günstigsten Arbeitsweise der Maschine auszufüllen. Man ist daher vielfach genötigt, größere Abstufungen zuzulassen, was zur Folge hat, daß die Maschine bei der einer Stufe entsprechenden Höchstgeschwindigkeit nicht mit ihren günstigsten, sondern mit einer höheren Umlaufzahl Om laufen muß, die einer kleineren Leistung Mm entspricht und für die sich auch

$$s' = \frac{\overline{Em}}{\overline{Mm}}$$

tatsächlich größer herausstellt.

Durch die Berücksichtigung des Luftwiderstandes werden die vorstehenden Rechnungen in folgender Weise beeinflußt:

Für die Fahrt in der Ebene gilt bei Höchstgeschwindigkeiten

$$N = \frac{V(G \cdot w + aV^2)}{3600 \cdot 75},$$

wobei mit $a\,V^2$ der zusätzliche Luftwiderstand bezeichnet werde.

Beim Abfallen der Geschwindigkeit auf der Steigung x_1 ist der Luftwiderstand zu vernachlässigen, daher wie früher

$$N = \frac{G(w + x_1)U_1}{3600 \cdot 75},$$

während nach dem erfolgten Umschalten des Getriebes

$$N = \frac{V_1(G(w + x_1) + aV_1^2)}{3600 \cdot 75}$$

ist.

Mit

$$\frac{G(w + x_1)}{3600 \cdot 75} = \frac{N_1}{U_1}$$

und

$$U_1 = k \cdot V$$

ist

$$k \cdot \frac{N}{N_1} = \frac{V_1}{V} + \frac{a}{3600 \cdot 75} \cdot \frac{k}{N_1} \cdot V_1^3$$

und

$$\frac{V_1}{V} = k \cdot \frac{N}{N_1} - \frac{a}{3600 \cdot 75} \cdot \frac{k}{N_1} \cdot V_1^3 .$$

Bei der zweiten Stufe hätte man in ähnlicher Weise

$$\frac{V_2}{V_1} = k \cdot \frac{N}{N_1} - \frac{a}{3600 \cdot 75} \frac{k}{N_1} \cdot V_2^3 .$$

Da

$$V_1 > V_2 > \ldots\ldots$$

ist, so muß auch

$$\frac{V_1}{V} > \frac{V_2}{V_1} > \ldots\ldots$$

sein, d. h.:

Bei Berücksichtigung des Luftwiderstandes steigern sich die günstigsten Fahrgeschwindigkeiten nicht mehr genau nach einer geometrischen Reihe, sondern in etwas abnehmendem Verhältnis. Die höheren Geschwindigkeiten liegen, mit anderen Worten, weniger auseinander als die niedrigeren.

Es bliebe noch zu prüfen, ob sich die abgeleiteten Regeln auf das Anfahren anwenden lassen.

Ist einmal der Wagen mit der größeren Übersetzung, also der ersten Geschwindigkeit, in Gang gesetzt [1]), so steigt seine Fahrgeschwindigkeit mit zunehmender Leistungsfähigkeit der Maschine. Sobald die Maschine die ihrer Höchstleistung N entsprechende Umlaufzahl n (Bild 29) erreicht hat, muß, damit der Anfahrvorgang nicht unnötig verzögert wird, umgeschaltet werden, und zwar, damit die Maschine nicht steckenbleibt, höchstens auf eine solche Übersetzung, daß die neue Umlaufzahl der Maschine, die sich aus der zunächst unveränderlich bleibenden Wagengeschwindigkeit ergibt, im äußersten Falle der Umlaufzahl n_1 gleich ist. Der Beschleunigungsvorgang setzt sich dann in ähnlicher Weise fort. Also auch diese Überlegung ergibt, daß die — ohne Rücksicht auf Luftwiderstand — in einem festen Verhältnis zunehmenden Übersetzungen am günstigsten sind, weil sie die kürzesten Anfahrzeiten ergeben werden.

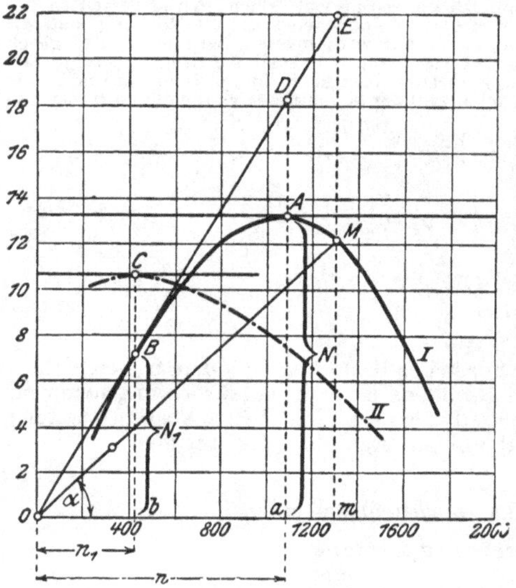

Bild 29. (10) Motorkennlinien

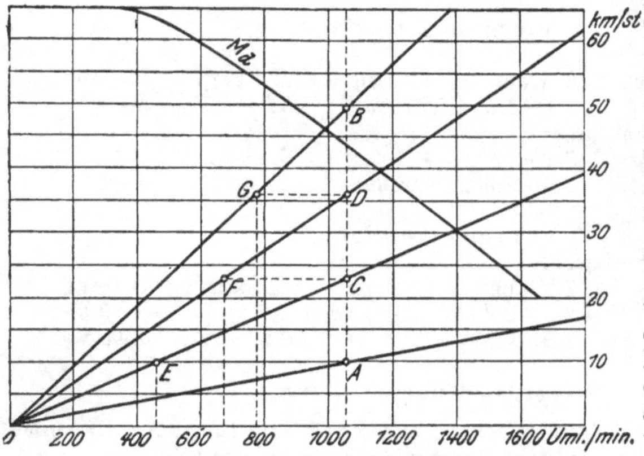

Bild 30. (11) Geschwindigkeitsdiagramm

1) Bevor der Wagen die der Mindestumlaufzahl der Maschine entsprechende Fahrgeschwindigkeit erreicht hat, muß die Kupplung schleifen. (Arbeitet also als Untersetzung.)

Auf einem anderen Wege gelangt auch Heirmann zu der Forderung, daß vom Luftwiderstand abgesehen, die Übersetzungen in geometrischer Reihe zunehmen müssen:

In Bild 30 stellen die vier von 0 ausgehenden Geraden den Verlauf der Wagengeschwindigkeiten in km/std bei zunehmenden Umlaufzahlen der Maschine und vier beliebig angenommenen Getriebeübersetzungen dar. Beim Ingangsetzen mit der etsten Stufe steigt die Umlaufzahl der Maschine allmählich bis auf den der Höchstleistung entsprechenden Wert (1050 Uml/min), wobei der Wagen eine Geschwindigkeit von 10 km/std (Punkt A) erreicht. Wird nun der zweite Gang eingeschaltet, so entspricht dieser zunächst unverändert bleibenden Wagengeschwindigkeit eine Umlaufzahl (bei E der Maschine von etwa 450 Uml/min. Der Wagen wird nun weiter beschleunigt, bis bei *C* (23 km/std) abermals, und zwar auf die dritte Geschwindigkeit, umgeschaltet wird. Hierbei fällt die Umlaufzahl der Maschine auf *F* (670 Uml/min) zurück usw. Es liegt nahe, zu vermuten, daß die Dauer des Anfahrvorganges um so kürzer sein wird, je vollständiger man den zulässigen Geschwindigkeitsabfall der Maschine ausnutzen kann. Die Abschnitte *AE*, *CF* und *DG* müssen also bei einem richtig verteilten Getriebe gleich groß werden. Die Maßregel hat daneben auch die Wirkung, daß die Stöße, die beim Einrücken der Maschine auftreten müssen, bei allen Stufen gleich groß werden. Das ist der Zweck, den Heirmann bei seiner Ableitung im Auge hat. Sind V_1, V_2, V_3 und V_4 die erste bis vierte Wagengeschwindigkeit und n und n_1 die höchste und niedrigste zulässige Umlaufzahl der Maschine, so würde hiernach folgende Beziehung gelten:

$$\frac{n_1}{n} = \frac{V_1}{V_2} = \frac{V_2}{V_3} = \frac{V_3}{V_4}$$

woraus

$$V_2^2 = V_1 \cdot V_3$$
$$V_3^2 = V_2 \cdot V_4$$

und

$$V_2 = \sqrt[3]{V_1^2 \cdot V_4}; \quad V_3 = \sqrt[3]{V_4^2 \cdot V_1}$$

oder bei einem dreistufigen Getriebe:

$$V_2 = \sqrt{V_1 \cdot V_3}$$

Das Ergebnis stimmt aber nur in der Hauptfrage mit dem früheren überein; denn in der vorliegenden Rechnung ist ganz willkürlich angenommen, daß die Fahrgeschwindigkeiten selbst in dem Verhältnis n_1 abgestuft werden müssen, was, wie oben gezeigt worden ist, nicht ganz zutrifft.

8. Übliche Getriebeübersetzungen.

Dreiganggetriebe.

Personenwagen:

1. Gang	2. Gang	3. Gang	4. Gang	5. Gang	R-Gang
3—3,8	1,6—1,8	direkt			3,5—5

Vierganggetriebe.

Personenwagen:

1. Gang	2. Gang	3. Gang	4. Gang	5. Gang	R-Gang
3,7—4,2	2,0—2,7	1,4—1,5	direkt	0,7—0,75	3—4,5

Lastwagen und Omnibusse:

1. Gang	2. Gang	3. Gang	4. Gang	5. Gang	R-Gang
4,5—5,8	2,8—3,5	1,5—1,9	direkt		4—6

Fünfganggetriebe.

Lastwagen und Omnibusse:

1. Gang	2. Gang	3. Gang	4. Gang	5. Gang	R-Gang
8—9	4—5	2,5—2,8	1,3—1,45	1	8—9
5—5,8	3—3,2	1,5—1,7	1	0,65—0,72	5—5,8

9. Festigkeitsberechnungen.

Für diese Teilung sind zunächst für die kleinsten Räder Annahmen zu machen und diese sind darauf durch eine Festigkeitsberechnung nachzuprüfen. Hierzu die Grundgleichung

$$P = b \cdot t \cdot c \quad \text{(s. unter Zahnräder).}$$

P ist aus der Höchstleistung des Motors zu berechnen, in dem das Drehmoment $M = P \cdot r = 71620 \frac{N}{n}$, wo N die Leistung in PS und n die minutliche Drehzahl bedeutet. Die Werte der einzelnen Größen richten sich aber durchaus nach dem Zweck der zu entwerfenden Anordnung. Für Lastwagen, bei welchen die niedrigen Übersetzungsstufen häufiger und längere Zeit (im Gebirge) benutzt werden, müssen die Sicherheiten größer und der Wert c kleiner gewählt werden. Maßgebend für die Bemessung des Antriebsrades ist die Festlegung der Anfreßsicherheit (nach Hofer) Abschnitt Zahnräder. Für den 1. Gang ist meistens die reine Biegefestigkeit bestimmend. Bei diesem Rad ist die Wärmeabführung, da es sich meist um keinen Dauerfahrgang handelt, für die Bemessung nicht bestimmend.

Die C-Werte haben bei einigen Personenwagengetriebe-Konstruktionen 700 kg/cm² für den 1. Gang erreicht. Als normal kann angesehen werden, für Personenwagengetriebe 1. Gang 450, 2. Gang 300, 3. Gang 200, für Lastwagengetriebe die halben Werte. Für Sportfahrzeuge können dagegen Grenzwerte bis zu 1000 kg/cm² zur Anwendung kommen. Voraussetzung ist allerbestes Einsatzmaterial mit Kernfestigkeiten von 140—145 kg/cm².

Ergibt die vorläufige Berechnung keine brauchbaren Werte, so ist sie unter Zugrundelegung einer anderen Wellenentfernung zu wiederholen.

Sodann sind die Entfernungen der Wellenlager festzusetzen, wobei die Zwischenräume zwischen zwei benachbarten Schieberädern zu 2—4 mm anzunehmen sind, und darauf die Wellen auf gleichzeitige Beanspruchung durch Drehung und Biegung nach der Formel

$$W \cdot k_b = 0{,}3\, M_b + 0{,}65 \cdot \sqrt{M_b^2 + M_d^2}$$

zu untersuchen, für diejenige Übersetzungsstufe, welche das größte Biegungsmoment ergibt. Auch auf die Ermittlung der elastischen Durchbiegung ist dabei Wert zu legen, da eine solche zu geräuschvollem Arbeiten der Räder beiträgt. Stellt sich heraus, daß die Annahmen über die Wellendurchmesser einer Korrektur bedürfen, so muß die Rechnung wiederholt werden. — Sind Zahnradabmessungen und Wellendimensionen endgültig bestimmt, so schließt sich die Wahl der Kugellager und der Entwurf der Lagerungen an. Wenn die Gehäuse in der Ebene der Wellenmitten geteilt werden sollen, so können die Kugellager in besonderen ungeteilten Buchsen aus Stahl gelagert werden, damit ihre Laufeigenschaften nicht durch Klemmen beeinträchtigt werden und kein Unrunddrücken des äußeren Laufringes vorkommen kann. Es ist nötig, die Lager nach der Außenseite sorgfältig abzuschließen (durch Dichtringe oder dgl., bei durchgehender Welle), auch nach der Innenseite wenigstens durch eine einfache Scheibe, damit keine Splitter, die beim Schalten der Wechselräder entstehen können, in die Wälzlagerbahnen gelangen. — Besser werden die Gehäuse aus einem Stück gefertigt, mit Deckel versehen und die Wälzlager direkt im Gehäuse gelagert. Diese Ausführung ist billiger und für die Werkstattherstellung einfacher. Von den beiden Wälzlagern der Welle muß eines gegen Achsialverschiebung gesichert sein, wegen der auftretenden Achsialkräfte. Ein besonderes Stützkugellager ist indes meist nicht erforderlich.

Die Wellen für Schieberäder erhalten Keilwellenprofil mit 6, 8 oder 10 Keilen nach den DIN 5461 bis 5464, vgl. Abschnitt Normung.

Die Gehäuse der Wechselgetriebe können in allen Leichtmetallen ausgeführt werden. Ist die Gewichtsersparnis weniger wichtig als die Billigkeit der Herstellung, so findet Gußeisen Verwendung. Die Gehäuse erhalten an der tiefsten Stelle einen Ölablaß und in der Höhe des Öl-Niveaus einen Öleingußstutzen, so daß besondere Kontrollstäbe nicht notwendig sind. Der Überlauf ergibt den richtigen Ölstand. Die Höhe des Ölstandes richtet sich nach der Lage des Getriebes. Es genügt, wenn das kleinste Rad am Vorgelege noch zum Eintauchen kommt. Empfehlenswert ist es, den Ölvorrat groß zu halten, um eine vorzeitige Alterung des Öles zu vermeiden. Als Schmierung kommen fast durchweg hochwertige nicht zu dünnflüssige Motorenöle zur Verwendung, mindestens aber keine Fette.

10. Ausführungen.

a) Personenwagengetriebe.

Die Entwicklung im Getriebebau zeigt, daß selbst bei dem so weitgehend durchgebildeten und genormten Triebwerk des Personenkraftwagens noch immer wesentliche Fortschritte möglich sind. Gerade im Getriebebau wird von den Konstrukteuren noch besonders viel zu erwarten sein. Ganz unverkennbar ist für den Kontinent die Zunahme der Gangzahl festzustellen. Damit kommt auch das Bedürfnis zur Geltung, die Bedienung dieser vielgängigen Getriebe immer mehr zu erleichtern.

Betrachtet man zunächst einige ausgeführte Konstruktionen von Dreigang-Getrieben, so kann als typischer Vertreter das billigste und momentan für kleine Wagen verwendete Getriebe Bild 31 angesehen werden. Dieses hat keine Schalterleichterung, jedoch ist zur Erzielung der notwendigen Laufruhe Schrägverzahnung in allen Gängen vorgesehen. Zum Ausgleich des auftretenden Achsialschubes des Schieberades ist die Keilwelle mit einem Drall von gleicher Steigerung wie die Verzahnung ausgeführt. Die Schaltung besteht nicht aus Schmiedestücken, sondern aus Stanzstücken.

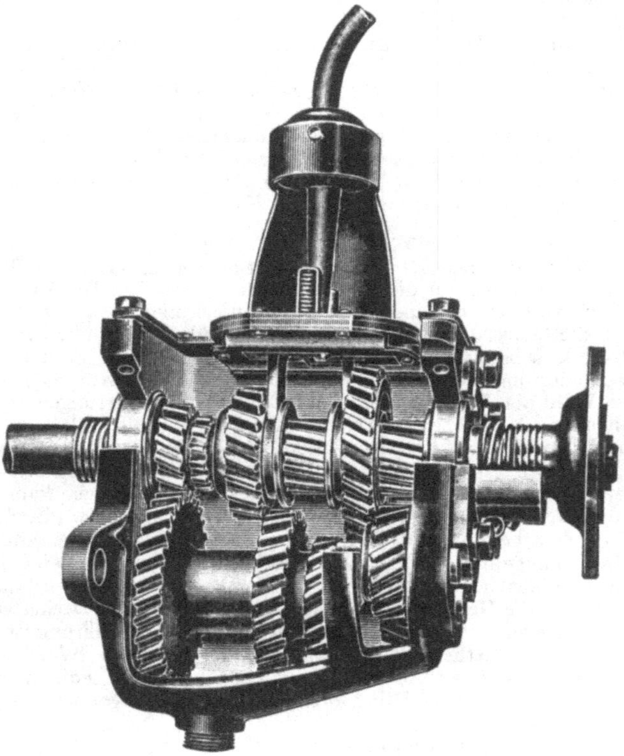

Bild 31. Dreiganggetriebe (Opel)

Eine Konstruktion, bei der auch der zweite Gang Klauenschaltung im Gegensatz zum Getriebe der vorhergehenden Bauart aufweist, zeigt Bild 32. Hier sind zur Erzielung der nötigen Laufruhe Pfeilräder verwendet, wie solche momentan in England noch beliebt sind. Ihre Herstellung ist aber nicht sehr vorteilhaft. Sie haben allerdings die Eigenart, keine Achsialschübe wirksam werden zu lassen. Die Räder können also auf den Wellen schwimmend angeordnet werden.

Bild 33 zeigt ein Beispiel eines amerikanischen Getriebes mit drei Gängen, wobei der 2. und der 3. Gang eine Synchronisierungs-Einrichtung mit Kegelkupplung erhalten hat. Der 1. Gang zeigt wiederum eine Keilwelle mit Drall. Der Querschnitt durch die Schaltung gibt ein Bild von der nur sehr wenig Paßarbeit verlangenden, sogen. Blechschaltung.

Eine Anordnung eines amerikanischen Getriebes nach Bild 34 mit dem 2. Gang auf der Abtriebsseite vorgesehen, läßt erkennen, daß auch hier eine Synchroneinrichtung

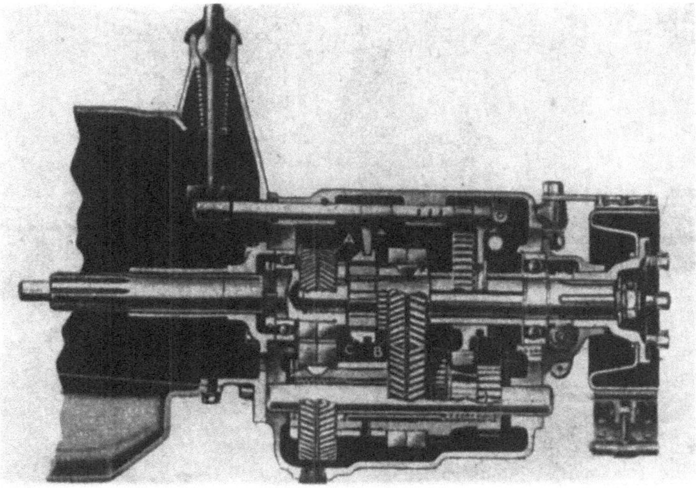

Bild 32. Dreiganggetriebe (mit Pfeilrädern)

zwischen 2. und 3. Gang angebracht ist. Die konstruktiven Einzelheiten kennzeichnen die rationelle Herstellungsmethode in der Verwendung von Blech- und Stanzteilen.

Eine eigenartige Anordnung, bei welcher die Durchbiegung der Welle für den 2. Gang vermieden ist, zeigt Bild 35.

Allen bisher genannten Konstruktionen ist gemeinsam, die Lagerung der Vorgelegewelle in Gleitlagern, diejenige der An- und Abtriebswelle in Wälzlagern.

Ein Beispiel der modernen Viergang-Getriebe zeigt Bild 36, bei welchem der 3. und 4. Gang eine Synchronisier-Einrichtung besitzt und die Laufruhe sämtlicher Gänge durch Schrägverzahnung erreicht wird. Es ist bezeichnend, daß die Wellendurchmesser im Vergleich mit den Dreigang-Getrieben erheblich größere Abmessungen aufzeigen (ZF).

Eine Bauart, bei welcher zur Vermeidung der Wellendurchbiegung der 3. Gang auf die Abtriebsseite gelegt ist, ist aus Bild 37 zu ersehen. Die Schaltung zwischen

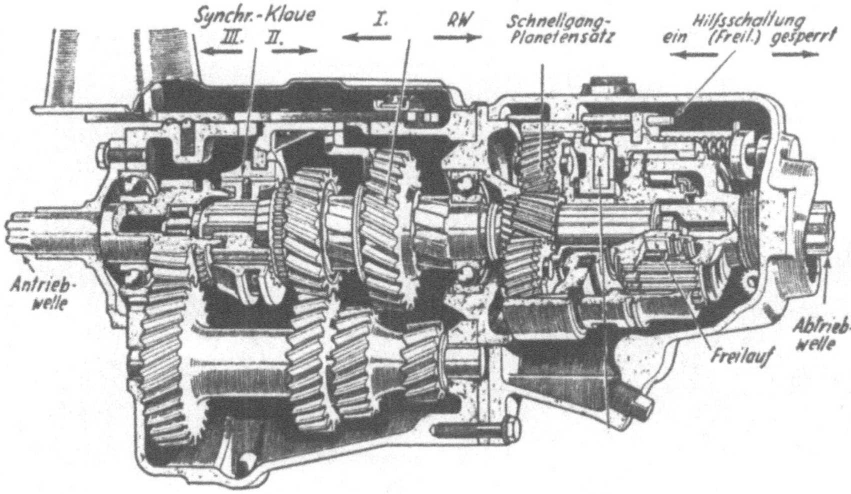

ild 33. Dreigang-Getriebe mit Synchronisierung im 2. und 3. Gang (mit Schnellgang-Getriebe)

Bild 34. Dreigang-Getriebe mit Synchronisierung für 2. und 3. Gang

3. und 4. Gang erfolgt durch eine Schiebemuffe, die unter dem Schieberad des 1. und 2. Ganges durchläuft. Dieses Getriebe weist außerdem einen angebauten Freilauf auf, der in der gezeichneten Stellung durch eine Muffe gesperrt ist (Prometheus).

Ähnlich aufgebaut mit Anordnung des 3. Ganges an den Gehäusewandungen ist eine Frontantriebsbauart nach Bild 38. Für die Schaltung des 3. und 4. Ganges wird eine Stiftenkonstruktion, welche durch die Räder des 1. und 2. Ganges hindurchtritt, angewendet. Hier sind bereits alle Räder im Dauereingriff und zwar wird der 1. und 2. Gang mit einer Schaltmuffe geschaltet.

Ein Getriebe mit drei synchronisierten Gängen, wie es vorwiegend in England zur Anwendung kommt, zeigt Bild 39. Die Sychronisierungen sind als Kegelkupplungen ausgebildet. Ihre Durchmesser sind zur Erzielung größerer Wirksamkeit sehr reichlich gehalten.

Ein Getriebe mit sehr hoher Laufruhe für den 2., 3. und 4. Gang stellt das ZF Aphon-Getriebe nach Bild 40 dar. Es ist hier beachtlich, daß zur Vermeidung der Wellendurchbiegung jedes Schaltrad nicht auf der Welle, sondern im Gehäuse abgelagert ist.

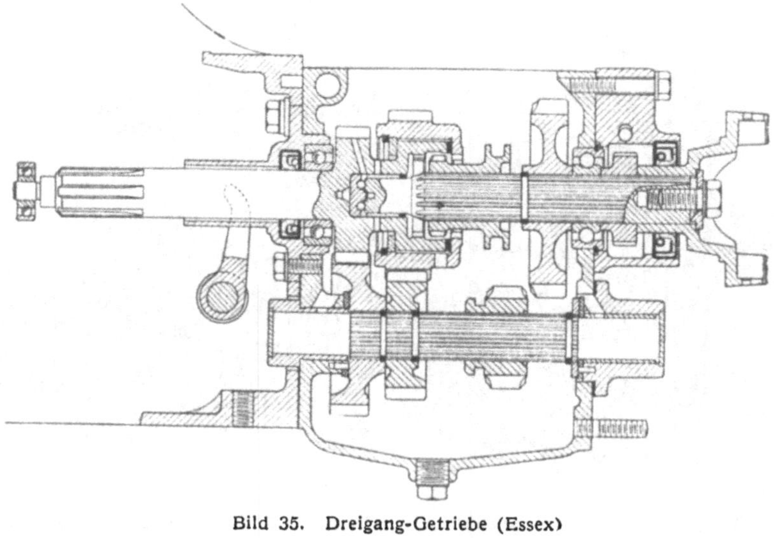

Bild 35. Dreigang-Getriebe (Essex)

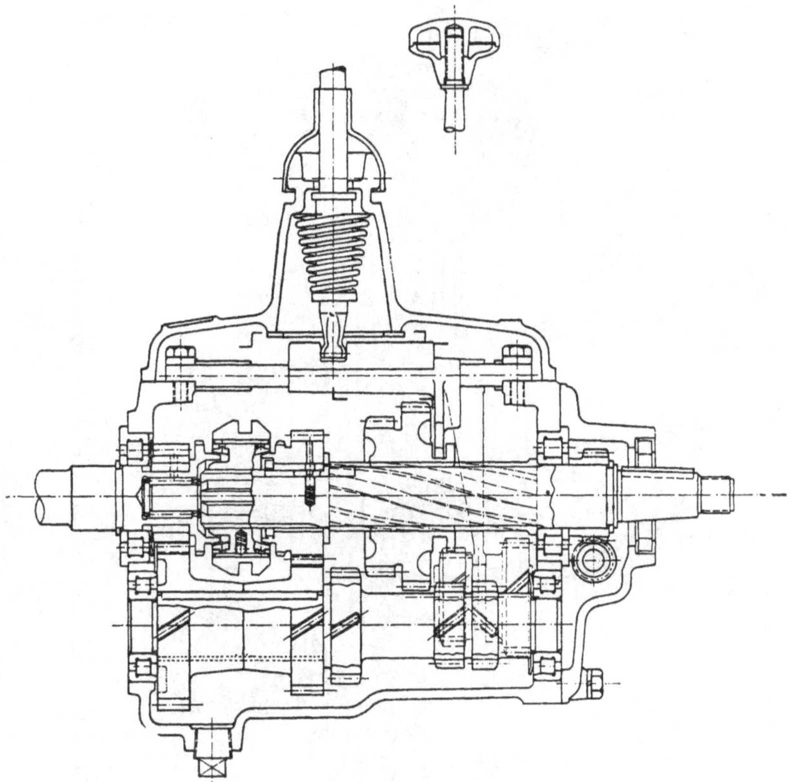

Bild 36. Viergang-Getriebe ZF Synchronisierung 3. und 4. Gang

In den Radbohrungen sind Lamellen-Sychronisierungen wirksam. Diese Konstruktion ergibt bereits einen erheblichen Schalt- und Laufkomfort.

Schalterleichterungen für alle Gänge sind beim Getriebe nach Bild 41 erreicht und zwar unter Verwendung verschiedener Mittel. Der 3. und 4. Gang, linksliegend, hat Kegelsynchronisierungen. Zur Schalterleichterung beim 1. und 2. Gang ist ein Freilauf wirksam. Dieser ist allerdings nicht ausschaltbar. Dies setzt voraus, daß den Bremsen eine erhöhte Aufmerksamkeit zugewendet werden muß, wenn der 1. und 2. Gang als Abfahrtsgang benutzt wird. Bezüglich der Schalterleichterung ist hier schon für alle Gänge eine höhere Klasse erreicht.

Es ist bemerkenswert, das die Entwicklung zum vollsynchronisierten Getriebe aus den vorhergehenden Beispielen, welche auch annähernd zeitlich die Entwicklung darstellen, ersichtlich ist. In Bild 42 ist zu ersehen, daß bei Vollsychronisierung neue Wege insofern gegangen sind, als zur Vermeidung großer Schaltmassen ein Muffenschaltpaar auf die Vorgelegewelle gelegt ist. Dadurch ist die zu beschleunigende und zu verzögernde Masse um zwei Radpaare reduziert.

Die bisher genannten Getriebe sind durchweg solche, bei denen durch Schiebemuffen (Klauen) und Angleichvorrichtungen die erwünschte Schalterleichterung erreicht ist.

Die Erleichterung der Bedienung wurde verschieden erreicht. Sieht man von den Schalthebelbetätigungen ab, so ist zunächst eine bekannte Ausführung, wie sie sehr viel in Amerika verwendet wird.

Bild 43. Hier wird der Schaltvorgang zerlegt in eine Auf- und Abbewegung des unter dem Lenkrad angeordneten Schalthebels, zur Gangwahl und in eine hin- und hergehende Bewegung desselben zum Ineingriffbringen der Schaltmuffen und Räder. Diese Anordnung hat den Vorteil, daß die Vordersitze im Fahrzeug nicht durch den Schalthebel eingeengt werden, daß also praktisch das Aussteigen nach der rechten Seite unbehindert erfolgen kann. Diese Ausführung hat sich auch bei den Frontantriebsgetrieben eingeführt.

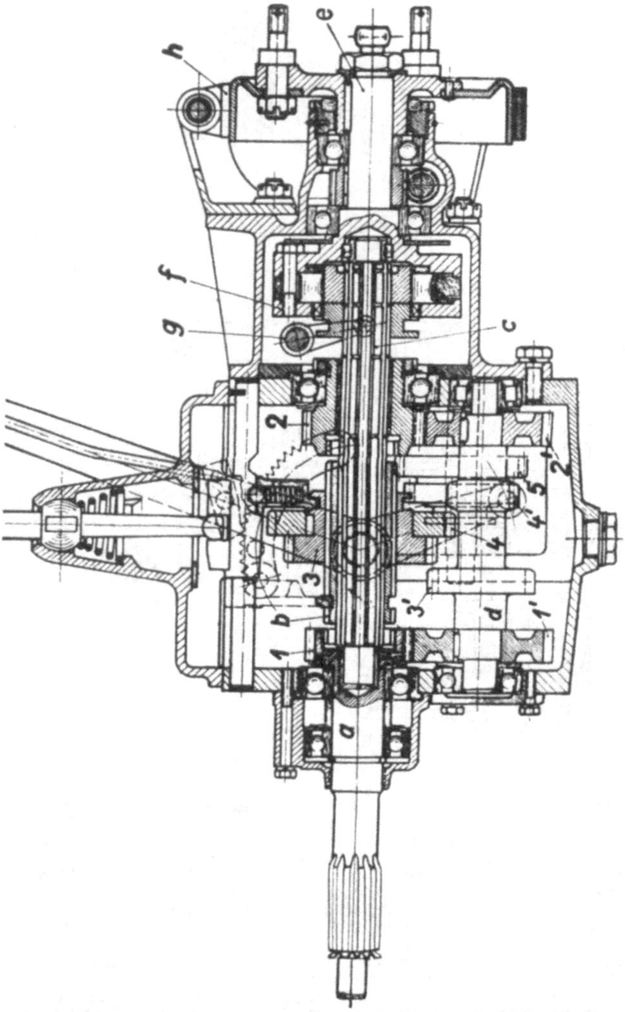

Bild 37. Viergang-Getriebe (Prometheus) ohne Synchronisierung

Die letztgenannte Ausführungsart setzt noch eine gewisse Kraftaufwendung für das Schalten voraus. Nach Bild Nr. 44 ist für diesen Kraftaufwand eine Unterdruckanlage vorgesehen, sodaß der kleine Hebel am Armaturenbrett lediglich durch leichten Fingerdruck beim Schalten gesteuert werden muß.

Eine ähnliche Konstruktion Bild 45 läßt diese Fingerdruckwählbewegung elektrisch die Unterdruckschaltanlage bedienen. Diesen 3 Ausführungsarten ist eigen, daß die Hauptkupplung bedient werden muß.

Diese Konstruktionen haben auch den Vorteil, daß die Lage des Getriebes zum Führersitz keine Rolle spielt. Sie könnten also bei Heckmotorantrieb ziemliche Bedeutung haben.

Nach gleichen Grundsätzen zur Schaltungserleichterung ist ein (Maybach)-Fünfgang-Getriebe gebaut (Bild 46). Es entstand aus der Zusammenfassung von zwei Überholklauen-Schaltaggregaten mit einem normalen Getriebesatz für einen hochuntersetzten 5. und der Rückwärtsgang. Diese beiden Gänge werden durch Schalthebel, die anderen vom Lenkrad aus unter Ansaug-Benützung des Motorvakuums bedient (Bild 47 u. 48).

Die Schaltung von einer Vorgelegestufe auf die andere wird durch Zerlegen des Schaltvorganges in Vorbereitung und Ausführung mit dem Gangwähler erreicht. Zur

Bild 38. Viergang-Getriebe (Adler) ohne Synchronisierung

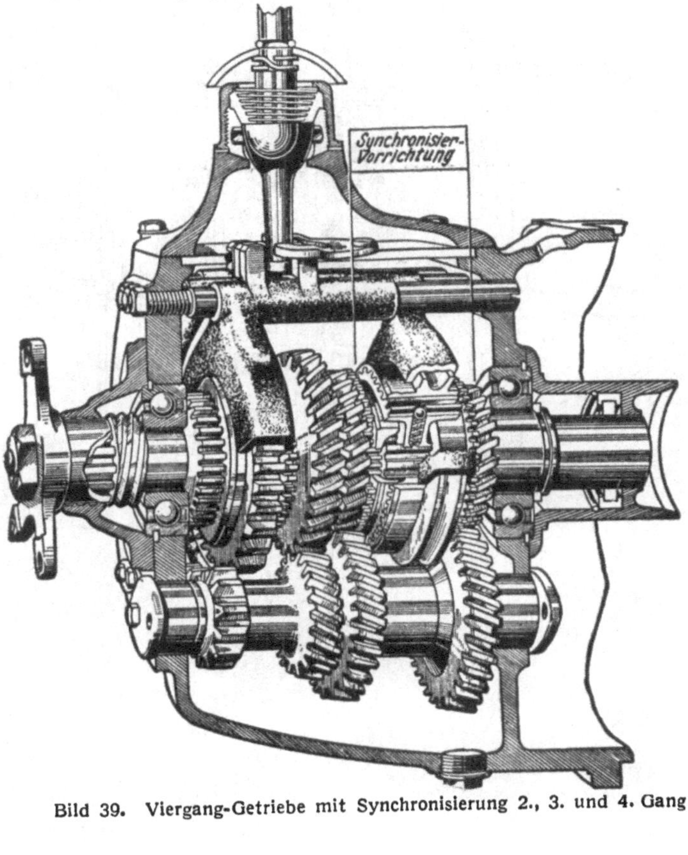

Bild 39. Viergang-Getriebe mit Synchronisierung 2., 3. und 4. Gang

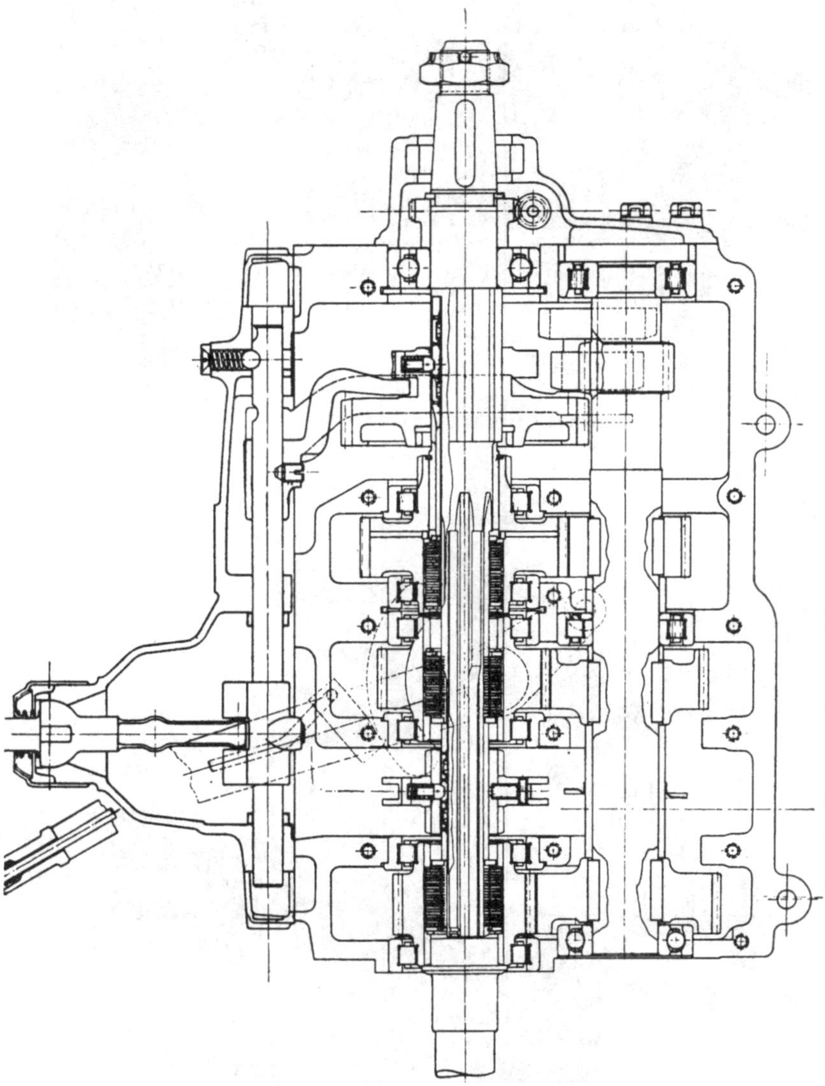

Bild 40. Viergang-Getriebe ZF. Aphon Synchronisierung 2., 3. und 4. Gang

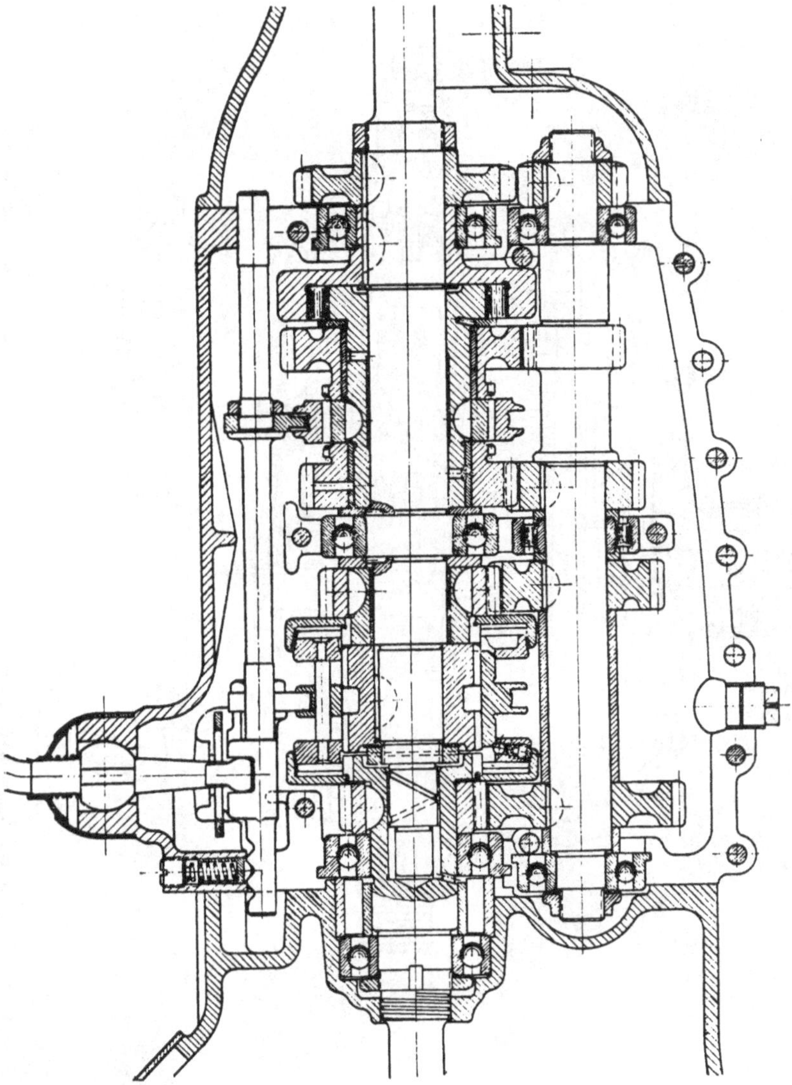

Bild 41. Viergang-Getriebe (BMW) Synchronisierung 3. und 4. Gang, 1. und 2. Gang Freilauf

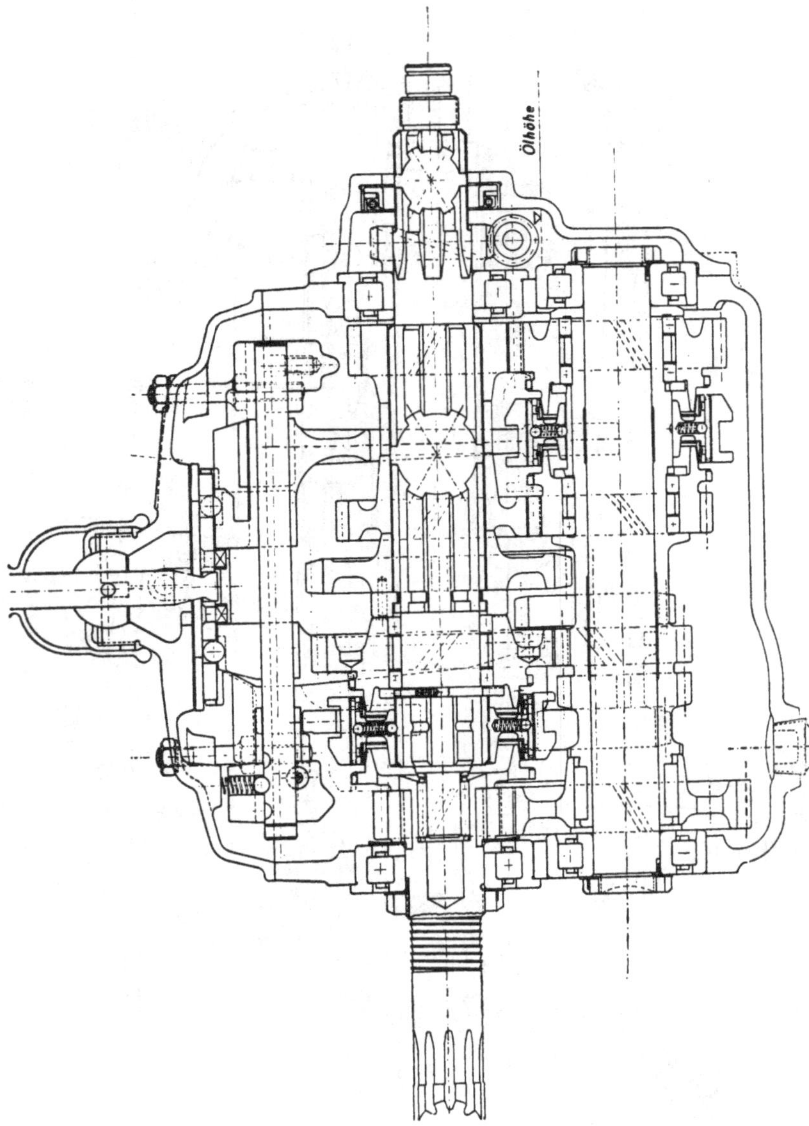

Bild 42. Viergang-Getriebe ZF Allsynchron. Synchron 1., 2., 3. und 4. Gang

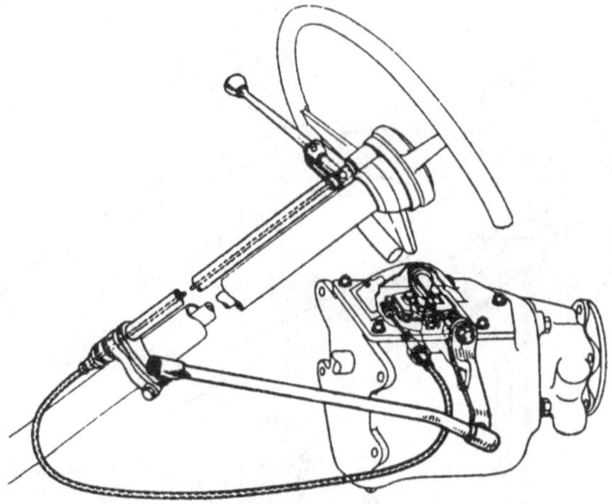

Bild 43. Lenkradschaltung

Auslösung der Schaltung wird das Gas weggenommen. Dadurch schiebt sich die entlastete Klaue von einer Gangstellung in die neue. Wenn in der neuen Klaue Differenzdrehzahl vorhanden ist, so sorgen die abgeschrägten Stirnflächen für Abweisung, so lange, bis durch Veränderung der Motordrehzahl Gleichlauf vorhanden ist, also die Klauen formschlüssig schließen können.

Die Beschreibung reiner Freilaufgetriebe kann unterbleiben, weil ihre Verwendung zurückgegangen ist.

Die folgenden Bauarten sind solche mit Rädern im Dauereingriff und Reibkupplungsschaltung. Eine verbreitete Konstruktion unter den Planetengetrieben ist das Wilson-Getriebe (Bild 49). Seinem Aufbau nach ist dieses Getriebe ein zusammengesetztes Umlaufrädergetriebe. Es besitzt

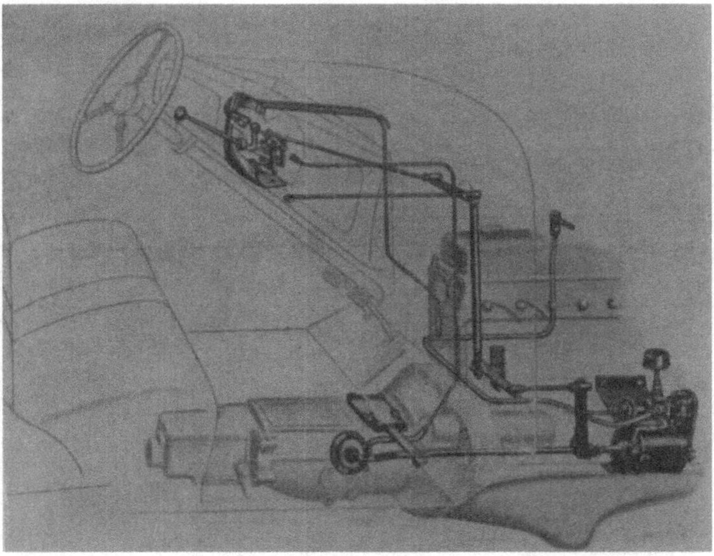

Bild 44. Unterdruckschaltung

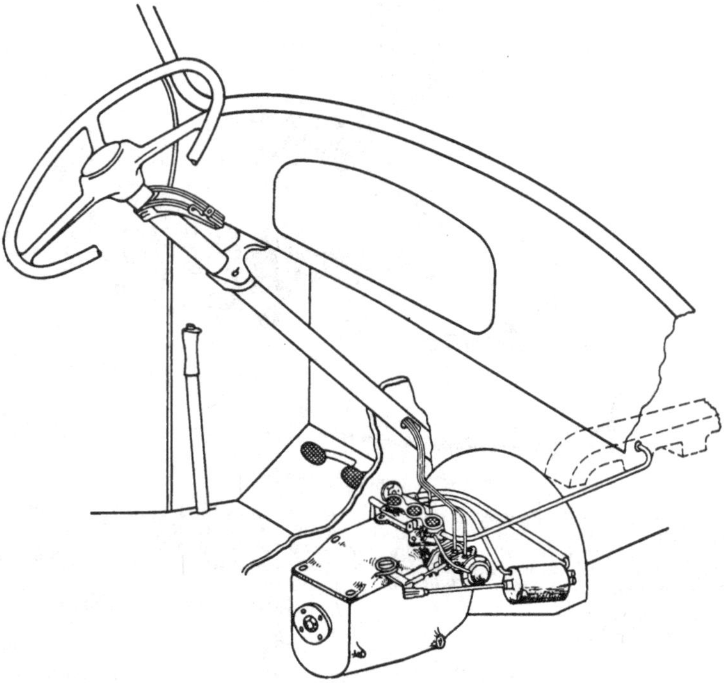

Bild 45. Unterdruck-Elektroschaltung

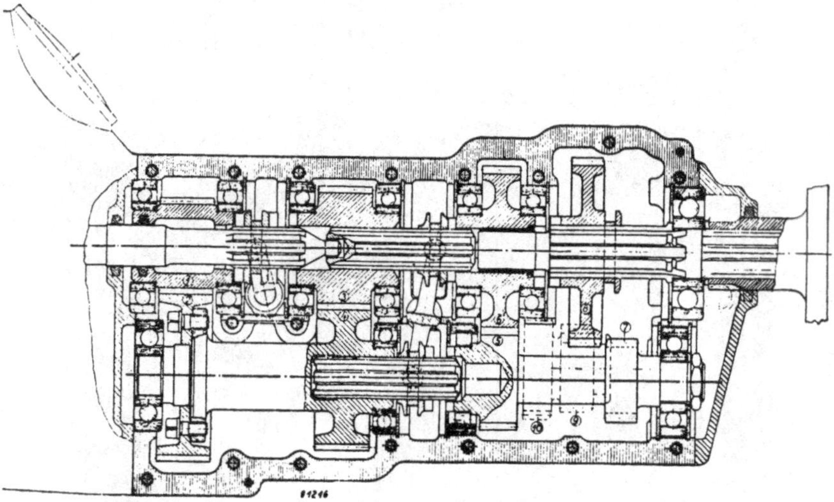

Bild 46. Maybach-Überholklauengetriebe mit Unterdruckschaltung

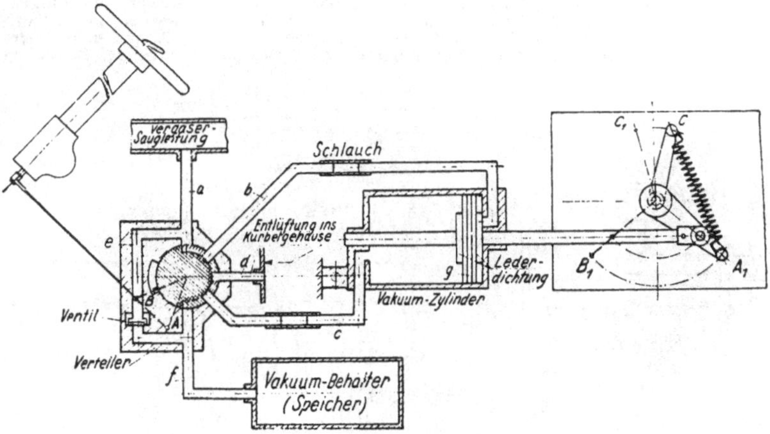

Bild 47. Schema für Unterdruckschaltung

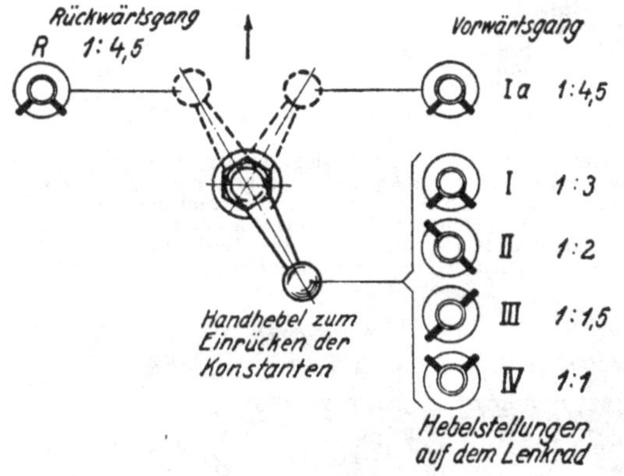

Bild 48. Maybach-Schaltung (Gangstellungen)

neben einem direkten Antrieb für den höchsten Gang drei Vorwärts- und eine Rückwärtsschaltstufe. Sämtliche Getrieberäder sind dauernd im Eingriff; die indirekten Stufen oder Gänge des Getriebes werden durch Anziehen von Bremsen, die auf vier Trommeln angeordnet sind, zur Wirkung gebracht. Jede Trommel enthält ein Umlaufräder-Getriebe. Durch einen kleinen Hebel am Lenkrad wird die Schaltstufe vorgewählt. Durch nachfolgendes Treten und Loslassen eines Fußhebels, der an Stelle des üblichen Kupplungspedales tritt, wird die vorgewählte Stufe, eingeschaltet. Dabei ist es unmöglich, daß zwei Schaltstufen auf einmal gewählt und geschaltet werden. Im Schemabild 49b u. a sind die Schaltstufen durch die Ziffern 1, 2, 3, 4 und R gekennzeichnet.

1. Gang. Beachtet man zunächst nicht den Rückwärtsgang R, so erkennt man, daß das Sonnenrad S_1 mit der Motorwelle fest verbunden ist. Die zugehörigen Planetenräder P_1 sind durch den Steg O_1 zusammengefaßt, der in fester Verbindung mit der Antriebswelle steht. Außen befindet sich die Trommel A_1. Wird diese Trommel, während die anderen Trommeln des Getriebes frei umlaufen können, festgebremst, so rotiert der Steg O_1 frei, angetrieben durch die Planetenräder. — 2. Gang. Das Sonnenrad S_2 für den 2. Gang ist wie das des ersten Ganges mit der Motorwelle fest verbunden. Die zugehörigen Planetenräder P_2 besitzen einen Steg O_2, der in fester Verbindung mit A_1 steht. Wird jetzt Bremse A_1 gelüftet und Bremse A_2 angezogen, so rotieren die Räder P_2 mit ihrem Steg O_2 und nehmen Außenring A_1 mit, der über die Räder P_1 und den Steg O_1 die Abtriebswelle antreibt. Gegenüber dem 1. Gang erhält Steg O_1 jetzt eine größere Geschwindigkeit, infolgedessen ist jetzt auch die Untersetzung kleiner. — 3. Gang. Der 3. Gang ist mit dem zweiten gekuppelt, und zwar ist Außenring A_3 mit dem Steg O_2 verbunden. Ferner sind die Planetenräder P_3 durch den Steg O_3 am Außenring A_2 befestigt. Das frei umlaufende Sonnenrad S_3 trägt eine Außenbrenmse B_3. Wird sie angezogen, während die Trommeln A_2 und A_1 umlaufen können, so wird

gleichzeitig Sonnenrad S_3 festgehalten. Der Antrieb vom Motor erfolgt über Sonnenrad S_2, Planetenräder P_2, Steg O_2 auf Außenring A_3. Dadurch werden die Umlaufräder P_3 in Drehung versetzt; da S_3 feststeht, dreht sich Steg O_3 und erteilt dem Außenring A_2 eine zusätzliche Drehbewegung. Die Weiterübertragung der Bewegung

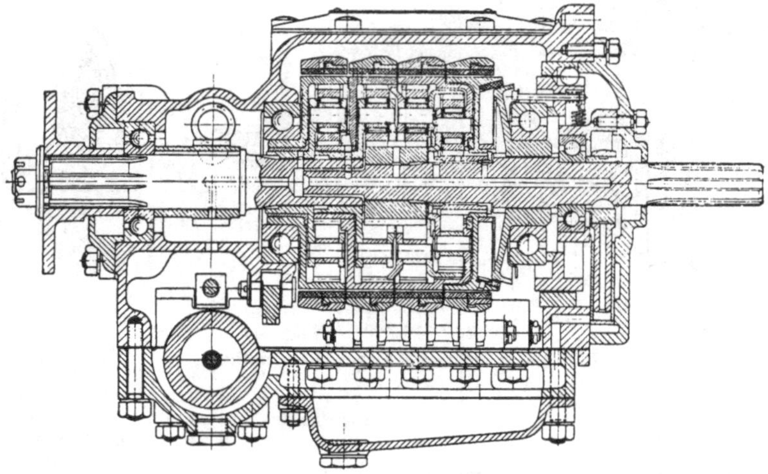

Bild 49. Wilson-Planetengetriebe mit Gangschaltbremsen

ist die gleiche wie beim zweiten Gang. Die Geschwindigkeit wird jetzt gesteigert, die Untersetzung ist weiterhin verringert. — 4. Gang. Beim vierten, dem direkten Gang, laufen alle Bandbremsen frei. Die mit dem Sonnenrand verbundene Kupplungshälfte C_3 ist mit Kupplungshälfte C_4 gepaart. Daher laufen sämtliche Sonnenräder jetzt mit Motorgeschwindigkeit um. Was wiederum zur Folge hat, daß sämtliche Umlauf-Getriebe als Block mit gleicher Drehzahl rotieren und diese Drehzahl auch auf Steg O_1

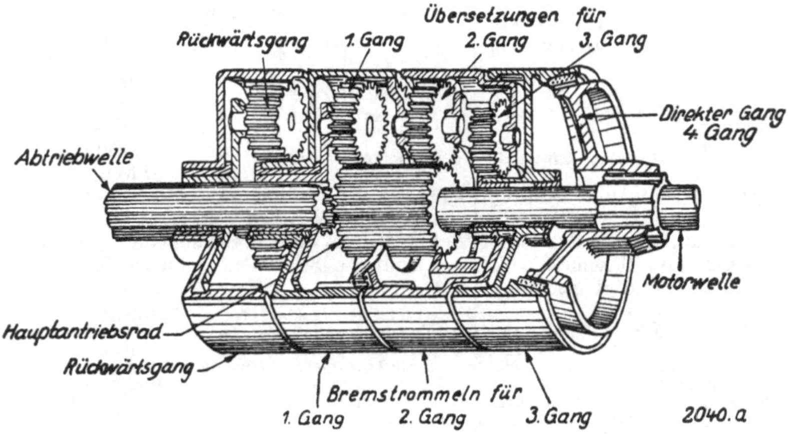

Bild 49a. Räderanordnung Wilson

und die Abtriebswelle übertragen. — Rückwärtsgang. Um diese Getriebestellung zu verstehen, ist es am besten, das Getriebe von der Antriebsseite zu betrachten. Die Abtriebswelle trägt sowohl Steg O_1 als auch Steg O_R. A_R wird durch Bremse festgehalten, A_1 ist frei, jedoch mit dem Sonnenrad S_R gekuppelt. Da Außenring A_1 das Sonnenrad S_R mitnimmt, dreht dieses sich in gleicher Richtung wie die Abtriebswelle, jedoch mit etwas größerer Geschwindigkeit. So überholt der Ring A_1 den Steg O_1,

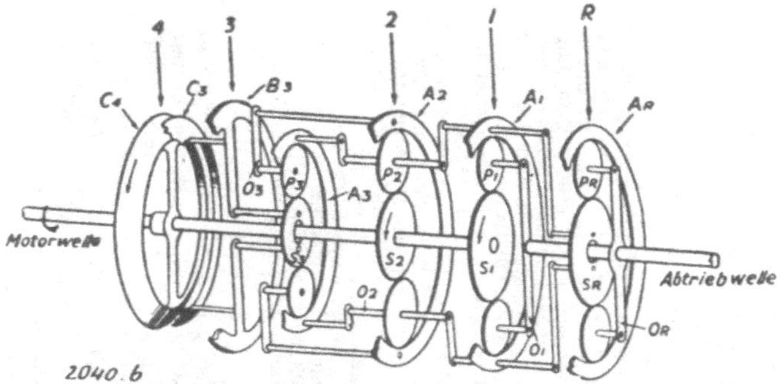

Bild 49b. Schaltschema Wilson

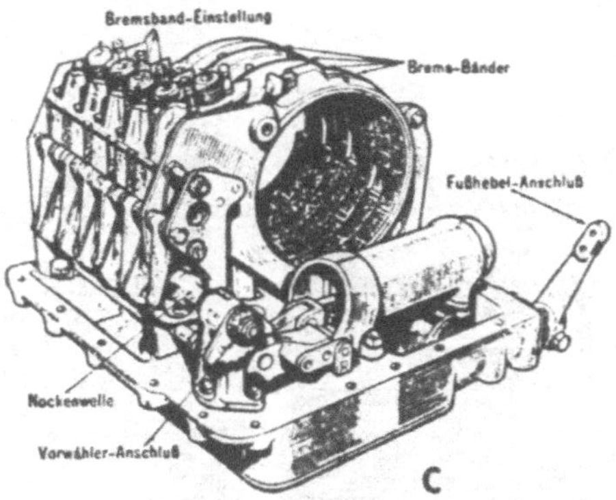

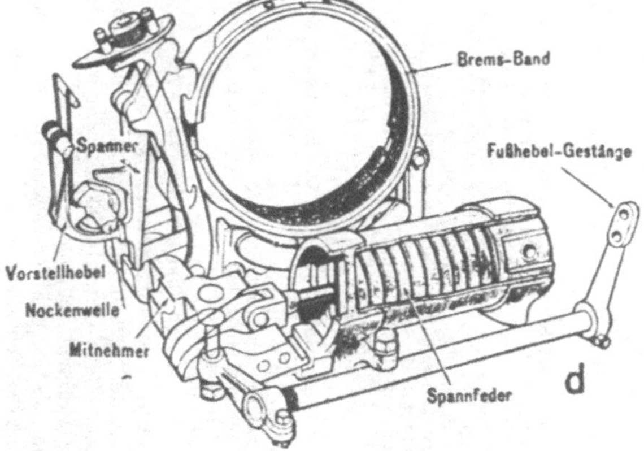

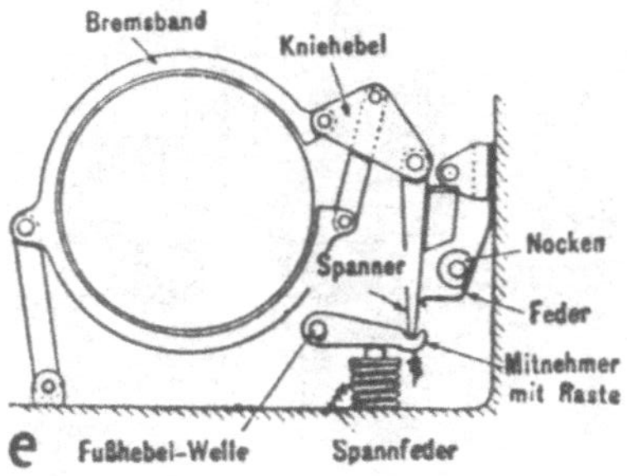

Bild 49c, d und e Bremsbandbetätigung (Wilson)

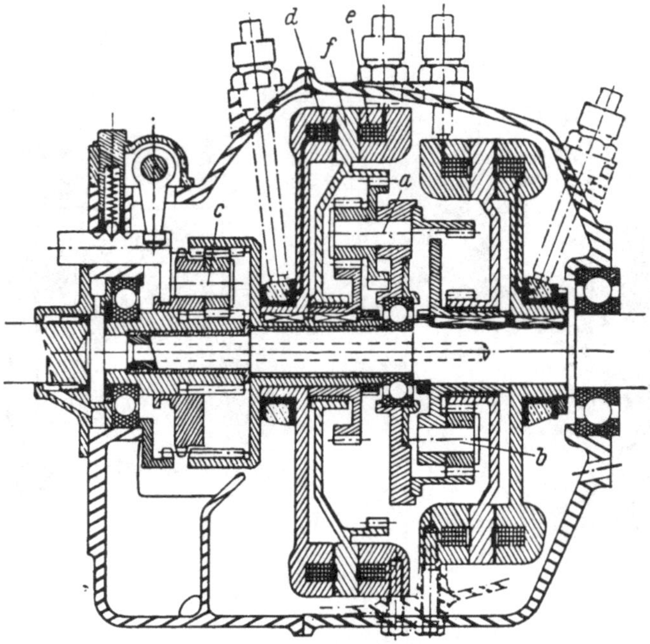

Bild 50. Cotal-Viergang-Getriebe mit Magnetkupplungen

wodurch das Sonnenrad S_1, und die Motorwelle in umgekehrter Drehrichtung bewegt werden. Denken wir uns jetzt Abtrieb mit Antrieb vertauscht, so erkennen wir, daß durch Bremsen von A_R das Getriebe rückwärts läuft. — Die Bremseinrichtungen (Bild 49c) im Getriebe sind so gebaut, daß die Radlager keiner großen Belastung ausgesetzt sind. Jede Bremse besteht aus einem voll umschließenden Innenbremsring, der durch Gelenk und Zugstange am Getriebegehäuse befestigt ist. Der Innenring wird von einem Außenring umschlossen, der ebenfalls mit dem Gehäuse durch eine Spange fest verbunden ist, und zwar ist diese Spange gerade in entgegengesetzter Richtung zur Zugstange des Innenbremsringes angeordnet. Da auf die Trommel somit zwei in entgegengesetzter Richtung wirkende Kräfte am gleichen Halbmesser angreifen, wird das Lager von jedem Drehmoment entlastet. Die Gangwählereinrichtung ist mit der interessanteste Teil an diesem Getriebe. Jedes der vier Planetengetriebe bildet eine Einheit für sich. Die Betätigung der Bremsen, die das Schalten der Gänge bewirkt, erfolgt durch eine Nockenwelle, die so gestaltet ist, daß nie zwei Bremsen gleichzeitig festgehalten werden können. Die Nockenwelle wird durch den kleinen Vorwählerhebel am Lenkrad gedreht. Bei praktischen Fahrversuchen wurde beobachtet, daß die Schaltpausen gegenüber normalen Schubgetrieben wesentlich geringer ausfallen, so daß ein mit Wilson-Getriebe ausgestatteter Wagen zu höheren Anfahrgeschwindigkeiten kommt.

Bild 49 und Bild 49b, 49c, 49d, 49e.

Ein Planetengetriebe, bei dem die Gänge durch elektromagnetische Kupplung geschaltet werden, ist das Cotal-Getriebe (Bild 50). Gegenüber dem Wilson-Getriebe ist hier der erhebliche Unterschied festzustellen, daß die Fußkraftbedienung in Fortfall kommt, während das Wilson-Getriebe noch als Gangwähler-Getriebe angesprochen werden muß. Entgegen der Trennung des Schaltvorganges in Wählen und Betätigen ist hier durch die elektromagnetische Gangschaltung das zeitliche Zusammenfallen von Wählen und Ausführen erreicht. Dies entspricht nahezu dem Idealzustand für die Bedienung eines Stufengetriebes.

Unter Verwendung von Kupplungen kleinen Durchmessers baut die Zahnradfabrik Friedrichshafen A.-G. Sechsganggetriebe mit Autobahngang nach Bild 51. Die Räder können als Vorgelege-Getrieberäder mit höchster

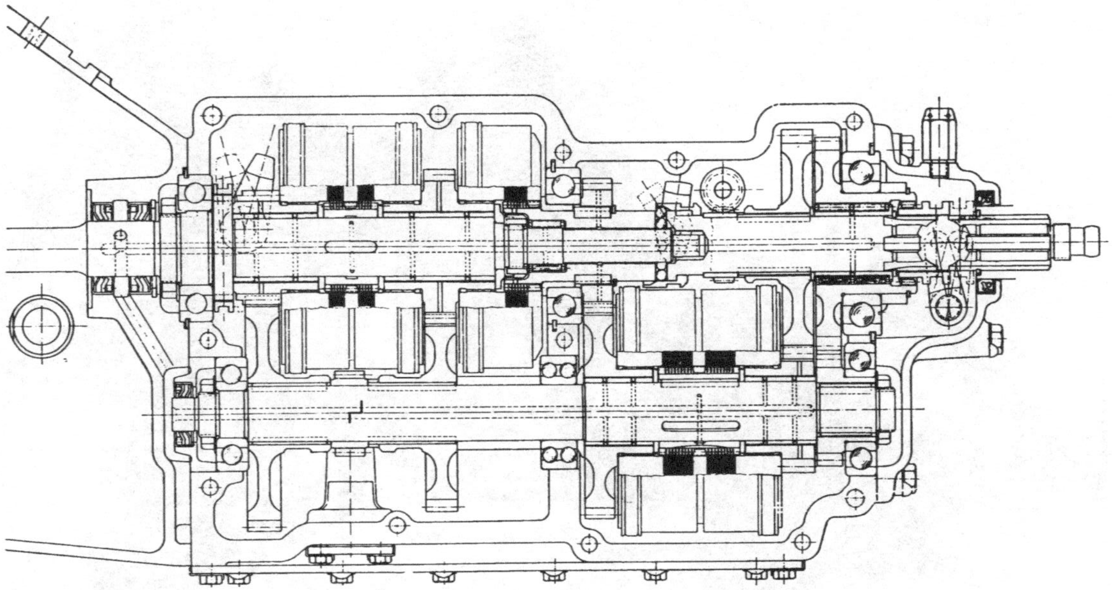

Bild 51. ZF-Sechsgang-Getriebe mit Ferngang-Übersetzung und Magnetkupplungs-Schaltung

Bild 52. Planetengetriebe mit Fliehkraftkupplungen (Monodrive)

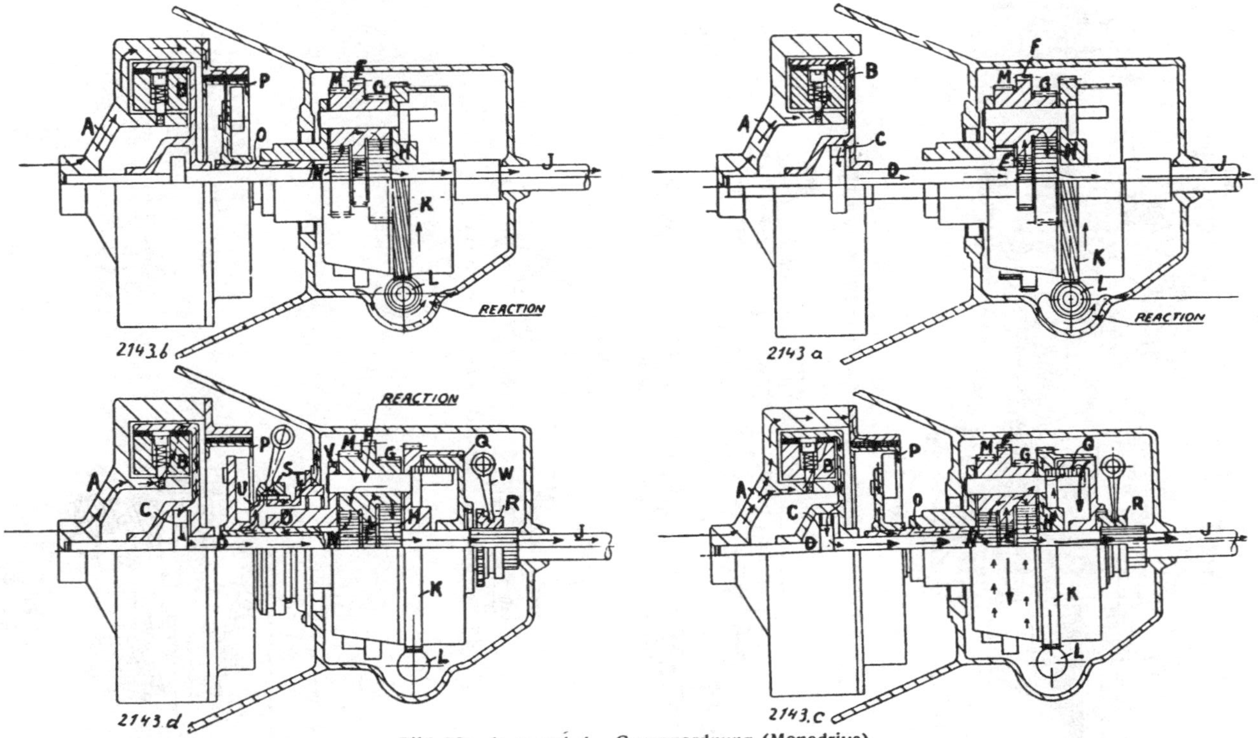

Bild 52a, b, c und d. Ganganordnung (Monodrive)

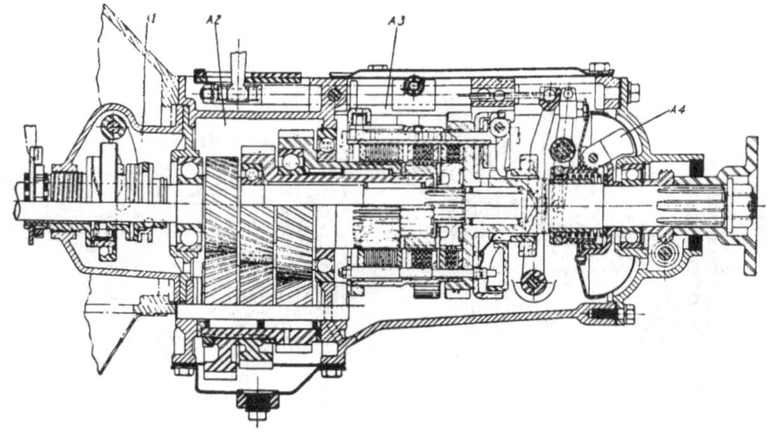

Bild 53. Getriebe mit Reibkupplungsschaltung (Tyler)

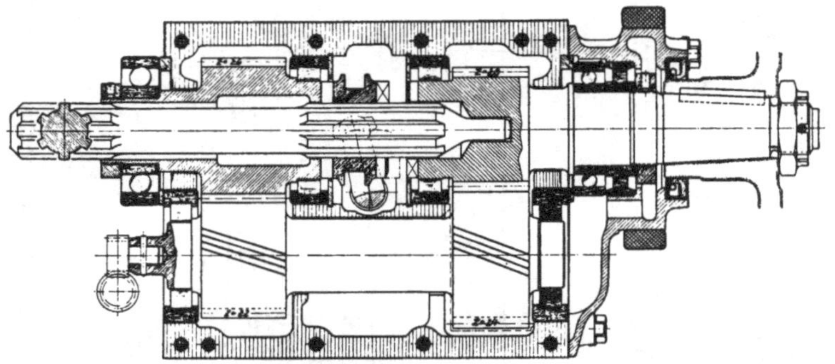

Bild 54. Maybach-Schnellganggetriebe

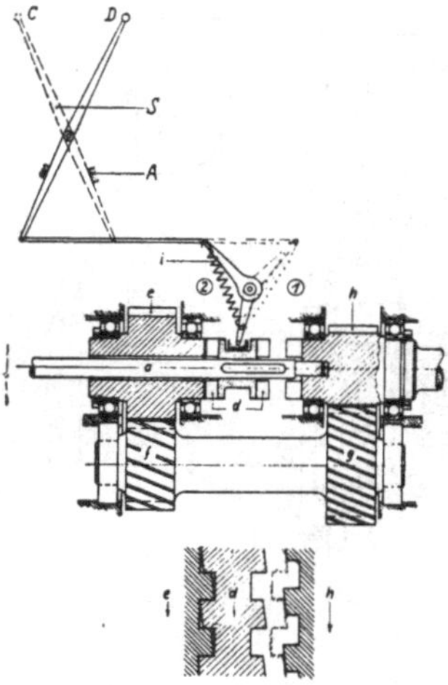

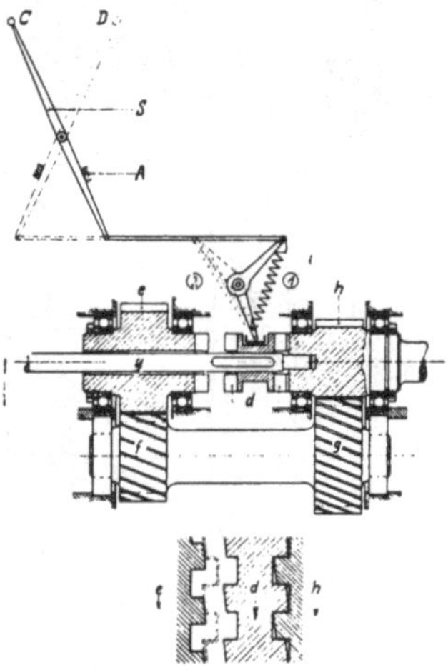

54 a

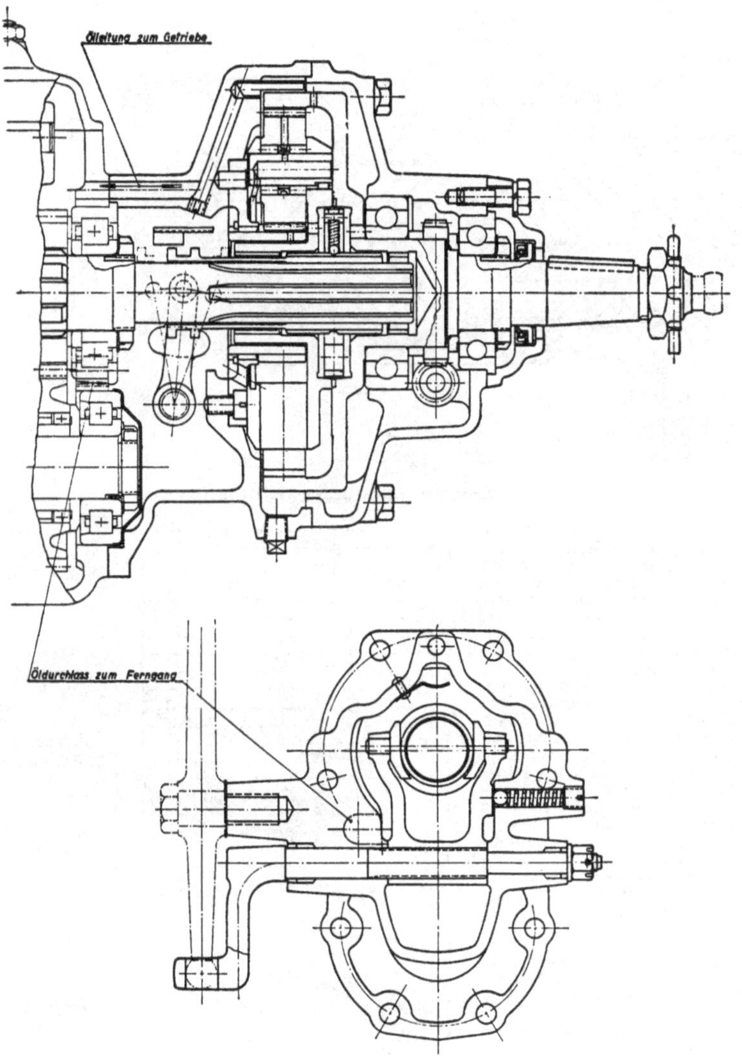

Bild 55. ZF-Ferngangetriebe

Laufruhe gebaut werden und die Fußfreiheit in den Vordersitzen wird durch die niedere Bauart vorteilhaft verbessert. Die Schaltung erfolgt elektromagnetisch ausgelöst durch einen kleinen Elektroschalter unter dem Lenkrad. Die Wirkung ist eine unmittelbare.

Die bis zur kleinstmöglichen Betätigung weiterentwickelten Getriebe finden im folgenden noch eine Ergänzung durch Beispiele solcher, die halbselbsttätig, abhängig von der Fliehkraft, zum Einschalten kommen. Ihre Brauchbarkeit in Straßenfahrzeugen ist allerdings noch nicht gesichert. Das bekanntgewordene Monodrive-Planetengetriebe nach Bild 52 arbeitet wie folgt:

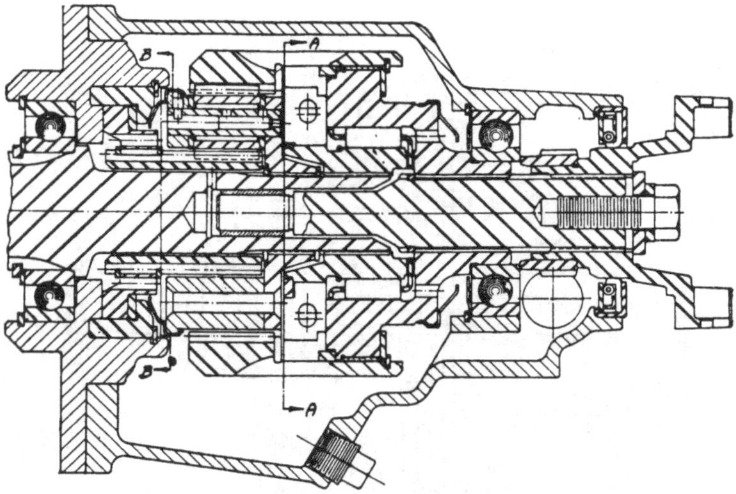

Bild 56. Amerikanisches Schnellgang-Getriebe (Overdrive)

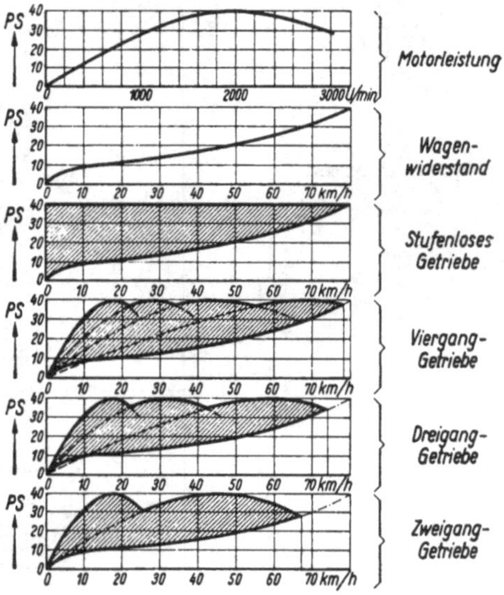

Bild 57. Gangzahlfahrleistung

Beim Mono-Drive-Getriebe (Bild 52, 52a, b, c, d, u. 21) wird das Vorwärtsschalten durch flüchtiges Loslassen des Gaspedales bewirkt, wenn gewisse Motordrehzahlen erreicht sind. Es ist auch möglich, vom ersten in den direkten Gang zu schalten, und man kann im 2. Gang z. B. auch über 60/h fahren, ohne vorher umzuschalten. Das Rückwärtsschalten erfolgt halb selbsttätig bei Unterschreiten von etwa 17 km/h in den ersten Gang bei etwa 9 km/h. Ein Hilfsfußhebel ist zum Rückwärtsschalten in gebirgigem Gelände vorgesehen, wenn bei höheren Geschwindigkeiten aus dem direkten in den zweiten Gang umgeschaltet werden soll. Außer den beiden Kupplungen im Getriebe existiert keine weitere Kupplung zwischen Motor und Getriebe. Im ersten Gang (Bild 52a) wird bei niedergetretenem Gaspedal die Fliehkraftkupplung *B* vom Schwungrad *A* beschleunigt und das Drehmoment über die Freilaufkupplung *C* in die Welle *D* übertragen. Von dem mit ihr verbundenen Rad *E* geht es durch die Umlaufräder des Planetengetriebes in das auf der Kardanwelle *I* sitzende Rad *H*. Die Reaktion des Planetengetriebes überträgt sich vom Rade *K* auf die Querwelle *L*, auf der sich eine Haltekupplung befindet, die die Reaktion dem Gehäuse mitteilt. Das dritte Rad *M* auf der Planetenwelle kämmt mit einem Rade *N* auf der Hohlwelle *O*, die ihrerseits die Welle *D* umgibt (Bild 52b). Auf dem einen Ende der Hohlwelle *O* sitzt eine zweite Kupplung *P*, die beim Überschreiten einer gewissen Drehzahl (entsprechend eben etwa 17 km/h) durch die Fliehkraft wirksam wird. Wenn zwischen *E* und *N* eine Untersetzung 2 : 1 besteht, treibt die Kupplung *B*, während *P* gleitet. Denn die Kupplung *P* ist so eingerichtet, daß sie nicht allmählich, sondern plötzlich (durch Verriegelung) in Funktion tritt. Wenn nun nach Einrücken von *P* das Gas kurze Zeit weggenommen wird, wirkt die Freilaufkupplung C, und die Kupplung *B* kommt außer Eingriff, während *P* für den zweiten Gang im Eingriff bleibt. Das Planetengetriebe ist also dabei bisher noch nicht zur Wirkung gekommen. — Bild 52c zeigt das Getriebe im direkten Gang. Nimmt man bei eingerücktem zweiten Gang Gas weg, so wird das Rad *H* treibend und die Reaktionskräfte des Planetengetriebes wirken umgekehrt. Da in der Querwelle *L* eine Freilaufkupplung ist, wird sich der ganze Plantetenantrieb K im gleichen Sinne wie *H*, nur schneller, drehen. Dadurch dehnt sich die Federbandkupplung *Q* aus und verbindet den Mitnehmer des Planetengetriebes mit der treibenden Trommel. (Die starken Pfeile in Bild 52c deuten den Weg der Kraftübertragung an). Will man vom direkten in den zweiten Gang schalten, ohne daß die Wagengeschwindigkeit absinken soll, so ist mit einem besonderen Schalthebel die Klauenkupplung *R* auszurücken, wodurch die Trommel außer Eingriff mit der Kardanwelle kommt. Auch der Rückwärtsgang muß von Hand geschaltet werden (Bild 52d). Wenn die Gleitkupplung *S* mit Rad *U* in Eingriff gebracht wird, kann sich die Welle *D* und das Rad *N* nicht mehr relativ zum Gehäuse drehen. Das Einkuppeln von *S* hat die Auskupplung von *R* und der Freilaufkupplung auf der Querwelle zur Folge. Dadurch wird das Planetengetriebe wirksam und das Rad *M* dreht sich um das stillstehende *N*, das die Reaktion dann aufnimmt. In Leerlaufstellung sind alle Kupplungen (*S*, *R* und die auf der Welle *L*) außer Eingriff.

Zur Ergänzung kann noch das Tyler-Getriebe (Bild 53) genannt werden, bei welchem Lamellenkupplungen zur Anwendung kommen.

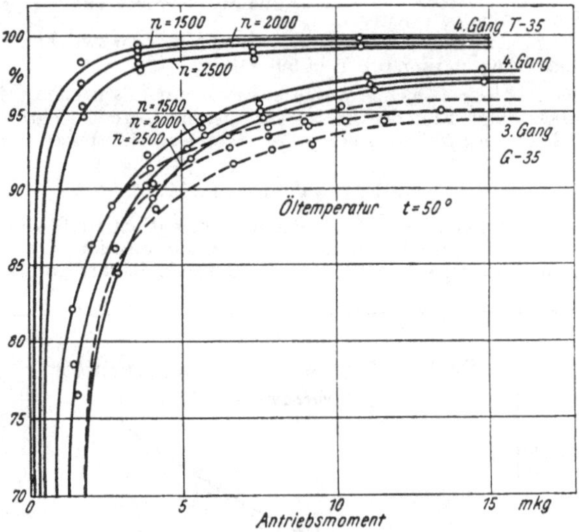

Bild 58. Wirkungsgrad.

Es haben sich insbesondere in Deutschland und in Amerika unter dem Einfluß der Entwicklung des Straßenwesens Zusatz-Getriebekonstruktionen, sog. Fern- oder Schnellgänge, (Overdrive), eingeführt. Da ist zunächst das sog. Schnellganggetriebe von Maybach mit Überholklauenschaltung (Bild 54 u. 54a).

Eine Bauart, die von der Zahnradfabrik Friedrichshafen mit der Bezeichnung „Ferngang" eingeführt wurde, zeigt Bild 55. Die Übersetzung beträgt 0,7—0,8. Durch die Anordnung hinter dem Getriebe läßt sich sowohl mit dem Maybach-Schnellgang als mit dem ZF-Ferngang günstigenfalls eine Verdoppelung der Übersetzungsstufen erreichen, da diese Getriebe hinter dem Hauptgetriebe auf der Abtriebsseite angeordnet sind und willkürlich geschaltet werden.

Eine in Amerika übliche Bauweise ist eine solche nach Bild 56 u. 33. Man bevorzugt dort eine Schaltung, die, abhängig von der Fahrzeuggeschwindigkeit, bei Wegnehmen des Gases erfolgt. Ein Nachteil besteht darin, daß man für das Ein- und Ausschalten verschiedene bestimmte Geschwindigkeiten einhalten muß, also praktisch in der Fahrweise etwas behindert ist.

Diese Zusatzgetriebe sind natürlich nicht eine endgültige Lösung. Einfacher ist die Anordnung eines weiteren Getriebeganges innerhalb des Getriebes, wie es bei Bild 51 bereits erfolgt ist.

Es ist in Bild 57 zu ersehen, wie sich in bezug auf die Fahrleistung die verschiedene Gangzahl auswirkt.

Im Bild 58 ist der Wirkungsgrad eines Zahnradgetriebes in Abhängigkeit von dem durchgeschickten Drehmoment bei verschiedenen Drehzahlen dargestellt. Es ist sehr gut sichtbar, wie sich die Pantscharbeit bei kleinen Drehmomenten mehr bemerkbar macht. Die normalen Motorcharakteristiken ergeben aber ziemlich gleichmäßige Drehmomente und aus den Kurven ist ersichtlich, daß die Wirkungsgrade der Fahrzeuge zwischen 95—99,5% im direkten Gang variieren. Bild 59.

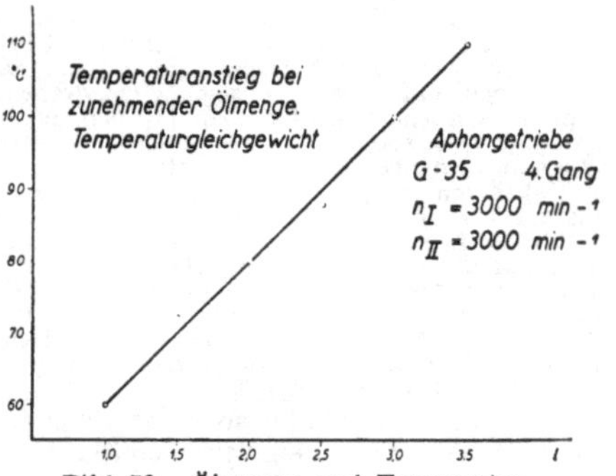

Bild 59. Ölmenge und Temperatur

Den Einfluß der Ölmenge auf die Erwärmung, also den Einfluß der Pantscharbeit zeigt Bild 60. Es ist aus diesem Grunde richtig, so wenig wie möglich Öl einzufüllen, solange die Schmierverhältnisse dies zulassen.

b) Lastwagen-Getriebe.

Bei den Personenwagen-Getrieben war ersichtlich, daß von einer abschließenden Entwicklung zu einer Normalkonstruktion noch wenig zu sehen ist. Im Lastwagenbau hat sich die normale Bauart mit Schubräderschaltung, wie sie schon im Jahre 1925 von der Zahnradfabrik Friedrichshafen A.-G. als Einheitsgetriebe propagiert wurde, bemerkenswert gut eingeführt.

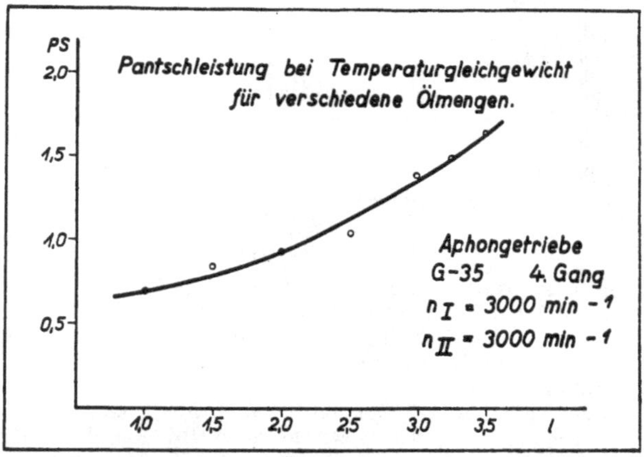

Bild 60. Ölpantschleistung

In Bild 61 und 62 ist ein Viergang- und ein Fünfgang-Getriebe gezeigt, welche in großen Stückzahlen laufen. Die Weiterentwicklung zur Erzielung der bei Omnibussen notwendigen Laufruhe brachte Fünfgang-Getriebe mit Schrägverzahnung. Bild 63.

Um wirtschaftliche Fahrweise durch eine Vielzahl von Gängen zu erreichen, wurden Getriebe nach Bild 64 gebaut. Mit dem Zusatzhebel zwischen den zwei vorderen Radpaaren können acht Geschwindigkeiten erreicht werden. Für diese in Omnibussen, aber auch in Lastwagen verwendeten Getriebe wurde eine flache Bauweise mit nebeneinander liegenden Wellen gewählt, einerseits zur Erzielung der nötigen Bodenfreiheit, andererseits zur Erreichung möglichst niedriger Bauweise, da diese Getriebe getrennt vom Motor im Rahmen aufgehängt werden.

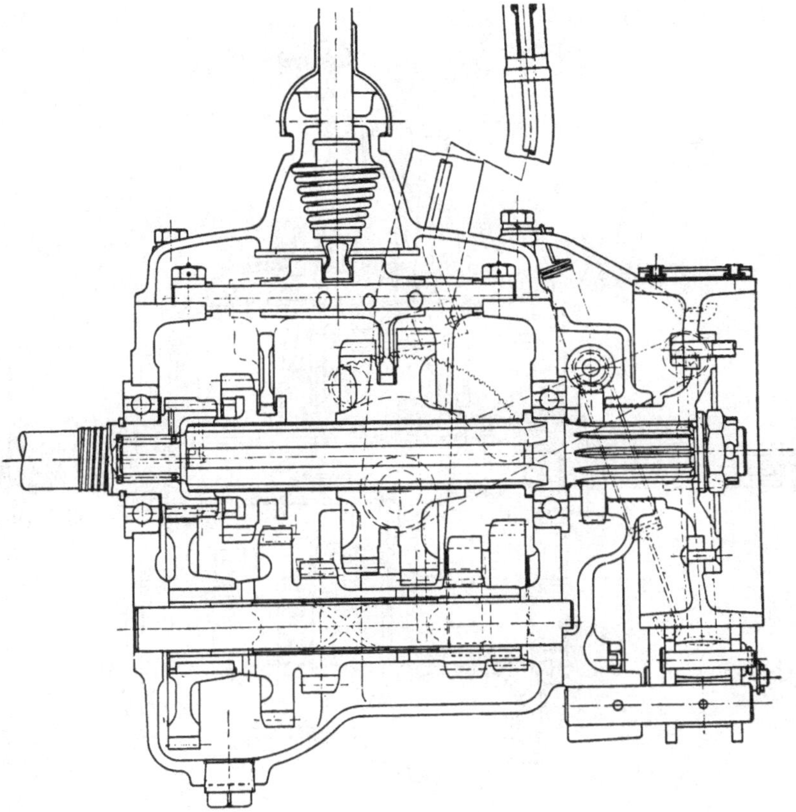

Bild 61. Viergang-Einheitsgetriebe

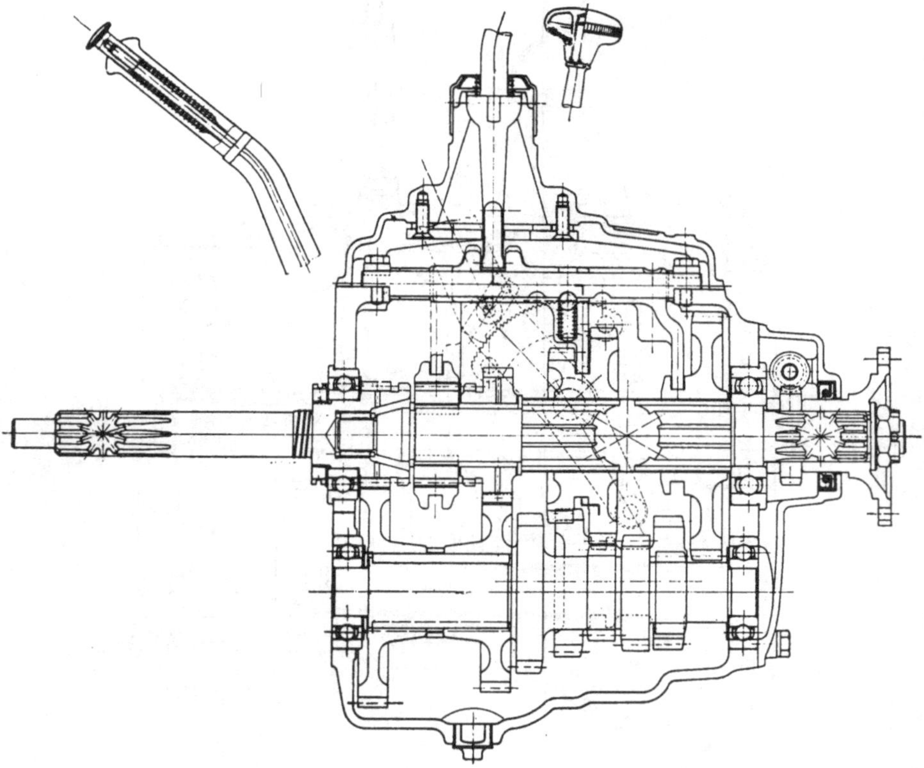

Bild 62. Fünfgang-Getriebe

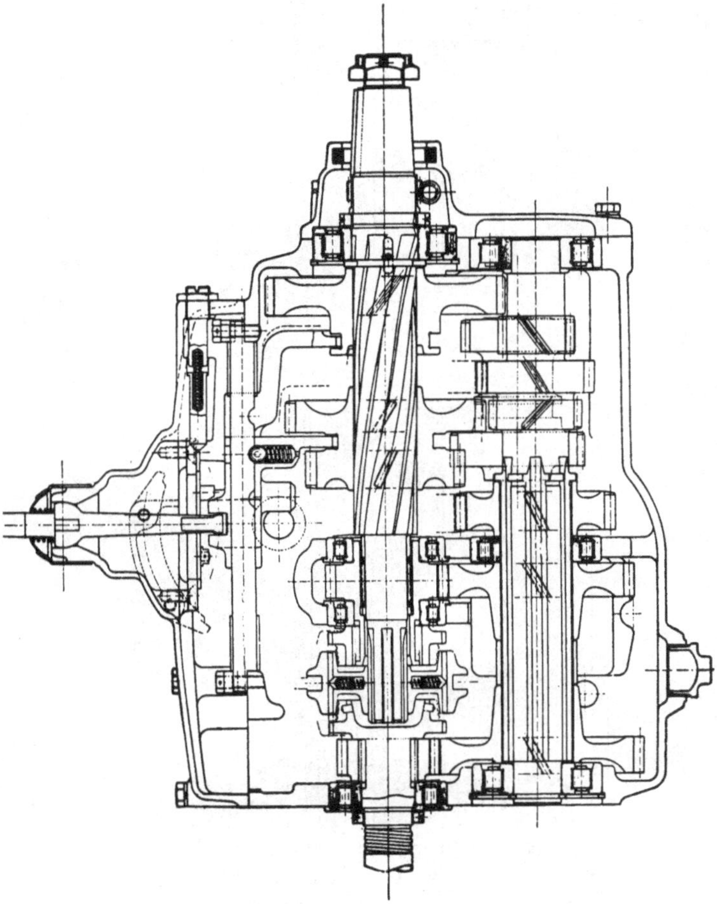

Bild 63. Fünfgang-Getriebe (Omnibus)

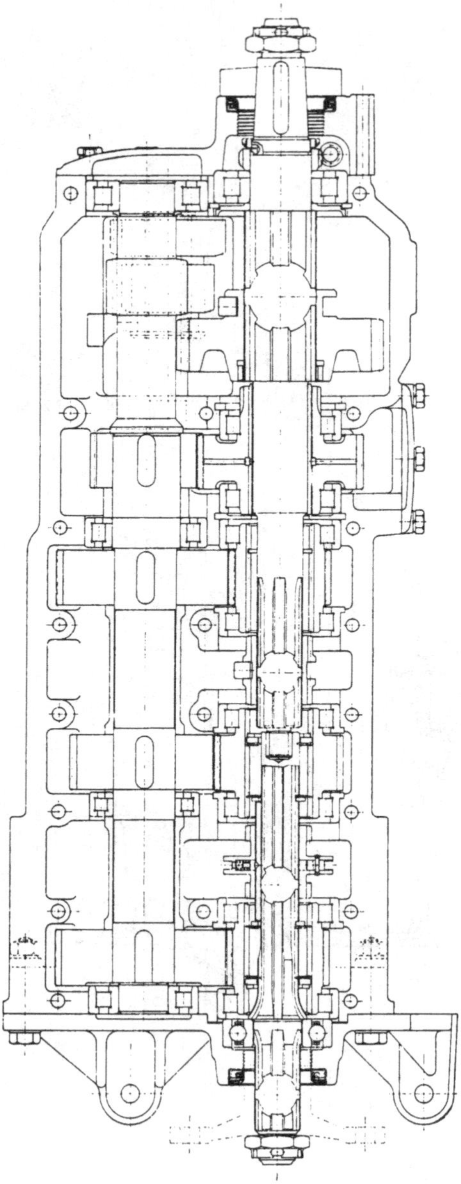

Bild 64. ZF-Aphongetriebe 8 Gänge

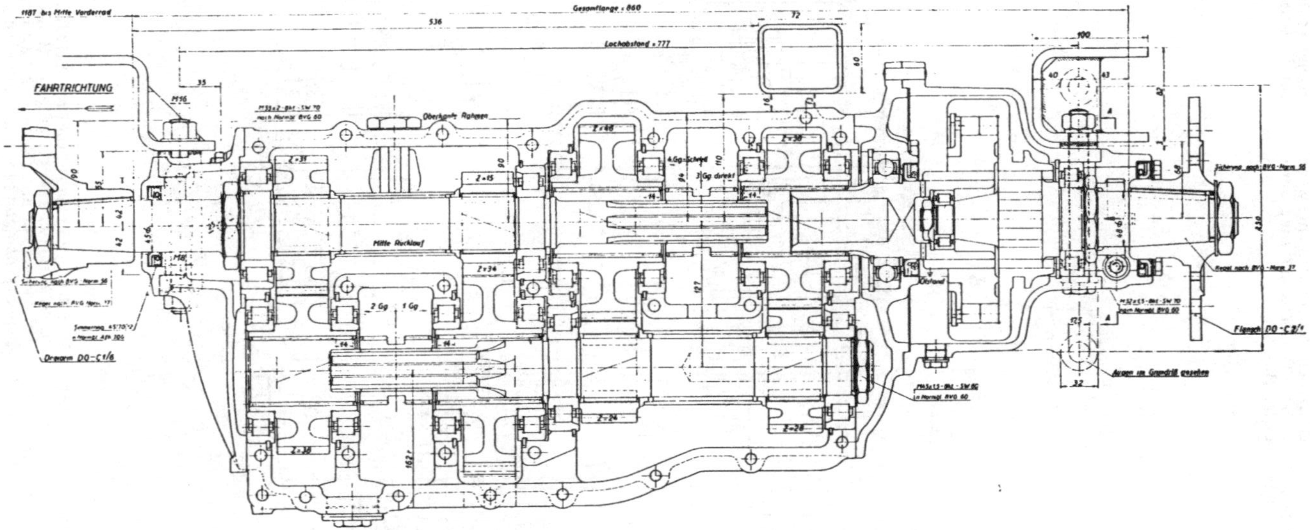

Bild 65. ZF-Aphon-Viergang-Getriebe mit Freilauf für Omnibus

Die besonderen Erfordernisse des Stadt-Omnibus-Betriebes verlangten die Entwicklung von Viergang-Getrieben mit Schnellgang, wobei zur Erzielung geringen Brennstoffverbrauches und zur Schaltungserleichterung ein sperrbarer Freilauf hinter dem Getriebe angeordnet wurde. Bild 65.

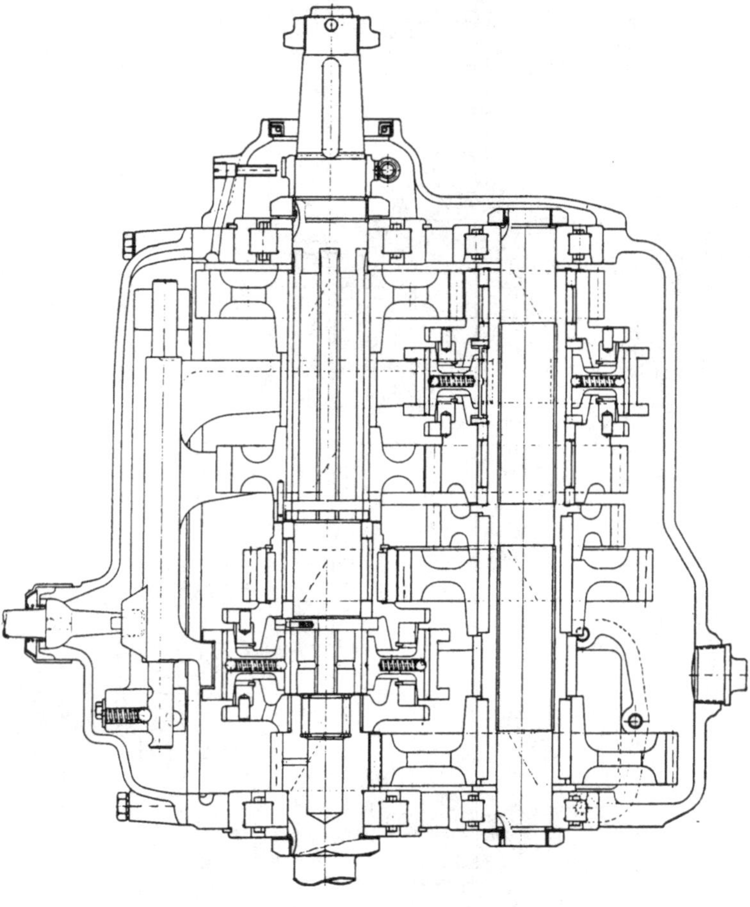

Bild 66. ZF-Aphongetriebe

In dem Bestreben, Getriebe mit laufruhigen Gängen und mit Schalterleichterung zu bauen, werden Getriebe nach Bild 66 ausgeführt. Diese erhalten Synchronisierung für sämtliche Gänge, geschliffene Schrägräder für alle Gänge, sind also in der Wirtschaftlichkeit durch Fortfall der Zahnbeschädigungsgefahr (Allklauengetriebe) besonders fortschrittlich.

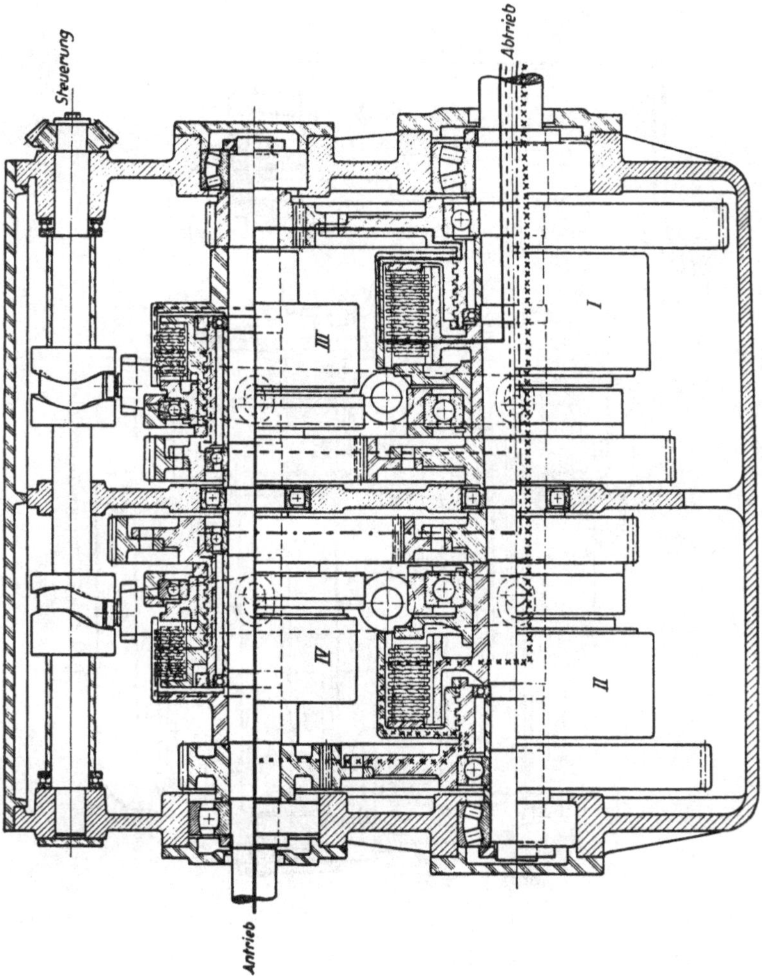

Bild 67. Reibkupplungsgetriebe Ardelt

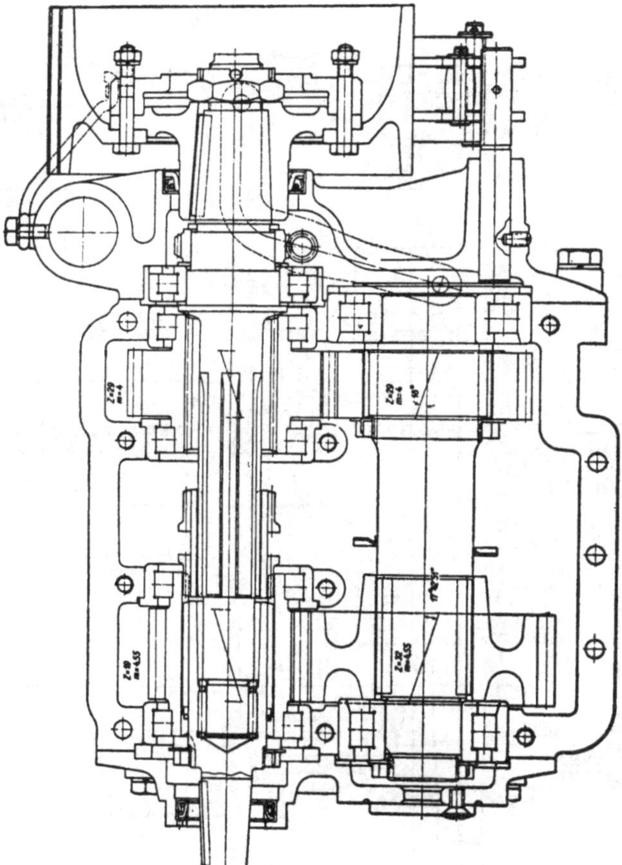

Bild 68. 2 Gruppen-Zusatzgetriebe

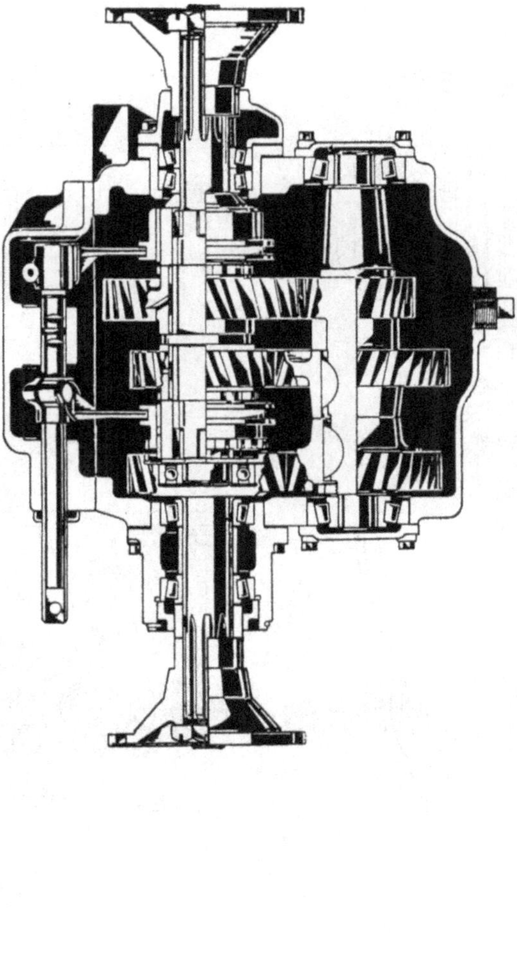

Bild 69. 3 Gruppen-Zusatzgetriebe

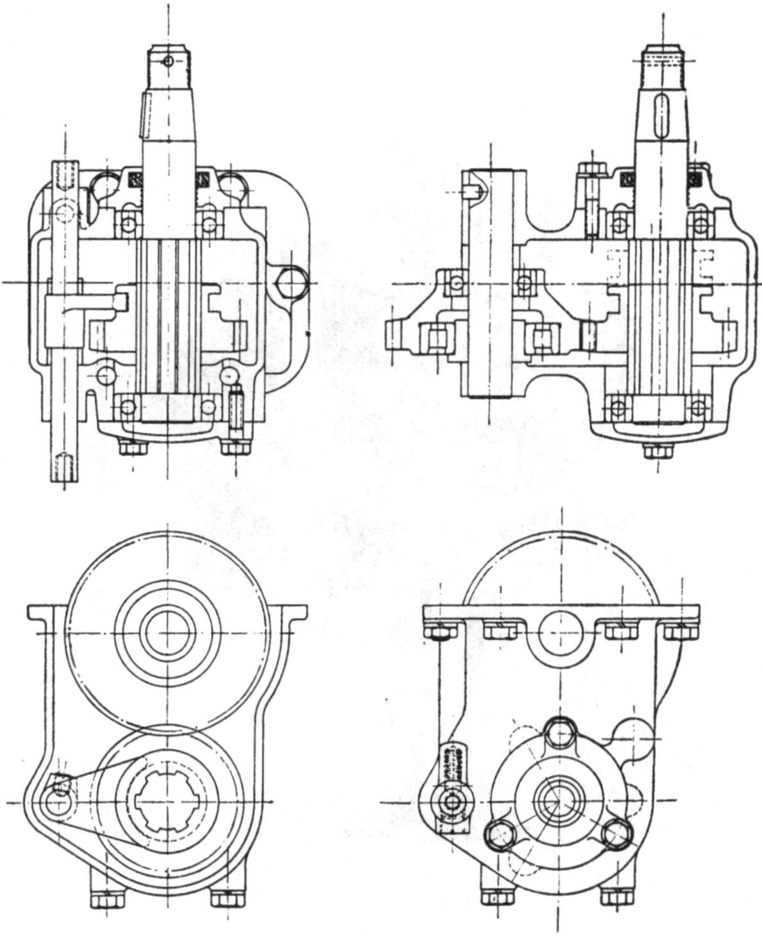

Bild 70: Außenantrieb seitlich

Getriebe mit Reibkupplung nach Bild 67 (Ardelt-Getriebe) haben sich in Omnibus- und Lastwagengetrieben noch nicht in größerem Umfange einführen lassen. Sie haben aber den Vorteil, daß die Schaltungen nicht von der Geschicklichkeit des Fahrers abhängig sind. Es besteht also eine erhöhte Fahrsicherheit durch Fortfall der Gefahr des Verschaltens. In dieser Hinsicht ist auch das Vollsynchron-Getriebe (Bild 66) dem normalen Schubrädergetriebe weit überlegen, weil bei jedem Schubrädergetriebe die Räder nur so weit beschleunigt werden können, als dies die obere Drehzahl des Motors beim Zwischengasgeben zuläßt. Wird ein tieferer Gang geschaltet und reicht die Beschleunigungsdrehzahl des Motors nicht aus, so ist in den meisten Fällen ein Einrücken des Rades nicht möglich. Es ist dies die Er-

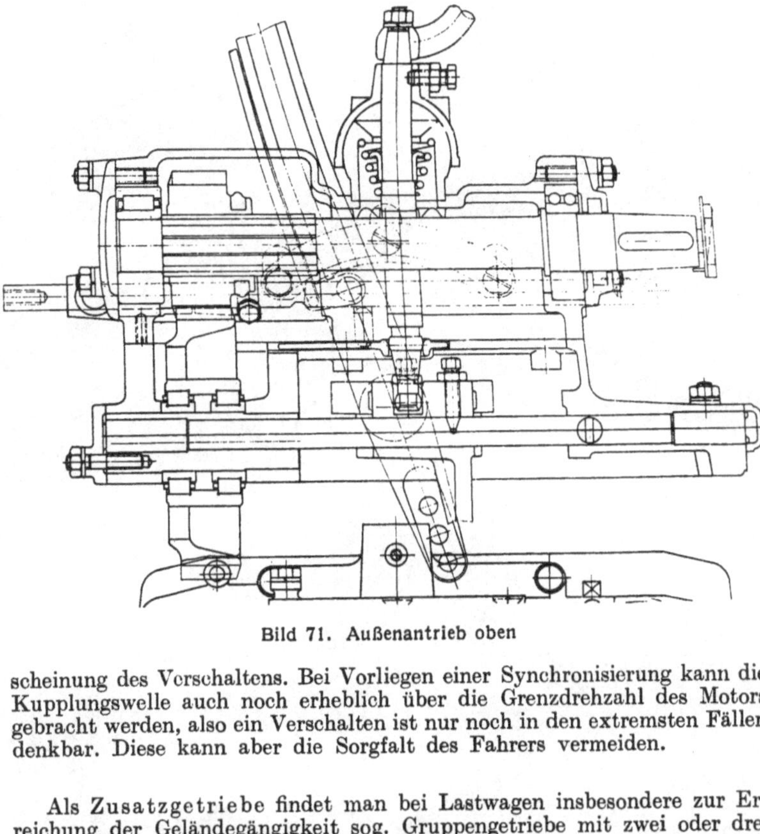

Bild 71. Außenantrieb oben

scheinung des Verschaltens. Bei Vorliegen einer Synchronisierung kann die Kupplungswelle auch noch erheblich über die Grenzdrehzahl des Motors gebracht werden, also ein Verschalten ist nur noch in den extremsten Fällen denkbar. Diese kann aber die Sorgfalt des Fahrers vermeiden.

Als Zusatzgetriebe findet man bei Lastwagen insbesondere zur Erreichung der Geländegängigkeit sog. Gruppengetriebe mit zwei oder drei Übersetzungen (Bild 68). Bei drei Übersetzungen ist der 3. Zusatzgang vielfach ins Schnelle übersetzt (Bild 69).

Der Antrieb von Pumpen, Feuerspritzen, Drehleitern und Wagenhebern wird meist durch einen seitlichen oder auf dem Getriebe angeordnetes Zusatzgetriebe vorgenommen. Einen seitlichen Zusatzantrieb zeigt Bild 70, einen auf dem Getriebedeckel aufmontierten zeigt Bild 71.

FSC
www.fsc.org
MIX
Papier | Fördert
gute Waldnutzung
FSC® C083411

Kolibri 360 GmbH
Ferdinand-Jühlke-Straße 7
99095 Erfurt, Deutschland
produktsicherheit@kolibri360.de